101 Dinge,
die ein Motorrad-Liebhaber wissen muss!

Thilo Kozik

101 Dinge die ein Motorrad-Liebhaber wissen muss

GeraMond

Inhalt

Emotionen auf zwei Rädern

Unterhaltsames und Unerwartetes rund ums Bike

Wer sie nicht selbst erlebt hat, wird sie wohl kaum verstehen: die Faszination des Motorradfahrens und der Motorräder. Doch wer einmal selbst am Gasgriff gedreht hat, den Fahrtwind gespürt und die Umgebung so intensiv erlebt hat, den lässt dieses unbändige Gefühl von mobiler Freiheit nicht mehr los.

Dabei ist das Feld der motorisierten Zweiräder unglaublich vielfältig und umfassend, von der Technik über die Hersteller bis zur Rolle in der Gesellschaft: Die Entstehung des Zweiradkults, das wechselhafte Auf und Ab im Laufe der Zeit, ist ein untrügliches Spiegelbild der Entwicklung unserer Gesellschaft. Gerade bei uns in Deutschland spielt die historische Komponente eine besondere Rolle: Hier wurde das erste Serienmotorrad der Welt entwickelt, technologische Innovationen traten von hier aus ihren Siegeszug an, jahrzehntelang kamen die größten Hersteller der Welt aus Deutschland.

Doch die historischen Betrachtungen sind nur ein ganz kleiner Teil der großen Zweiradbühne, und davon kann man sich in diesem Büchlein einen weitreichenden Eindruck verschaffen.

Kreuz und quer schmökern

Allerdings erhebt der Autor keineswegs den Anspruch auf tiefschürfende Vollständigkeit – allein die Breite des Themas Motorrad lässt dies nicht zu. Doch egal, ob Frischling, Spätberufener oder „Schon-immer"-Motorradfahrer, der geneigte Leser findet in jedem der folgenden 101 Kapitel viel Nützliches, Unterhaltsames und vor allem Unerwartetes. Manches davon dürfte als fundiertes Basiswissen für ausgiebige Benzingespräche dienen.

Dabei ist jeder einzelne Text in sich abgeschlossen, es gibt keine aufeinander aufbauende Reihenfolge. Wer möchte, liest sich kreuz und quer durchs Büchlein, ohne einen Anschluss verpasst zu haben oder eine Vorinformation zu vermissen. Sämtliche Zahlen, Daten und Fakten in diesem Buch sind nach bestem Wissen und Gewissen ausgewählt und recherchiert, gewürzt durch langjährige persönliche Erfahrungen des Autors.

Das betrifft natürlich auch die Schwerpunkte in diesem Buch: Wer sich mit Motorrädern beschäftigt, kennt viel mehr als nur die gelisteten 101 Themen und wird das ein oder andere vielleicht sogar vermissen – was wiederum dafür spricht, dass Motorradfahrer trotz aller verbindenden Komponenten immer auch Individualisten sind.

Ihr Thilo Kozik

Startschuss

1

Das erste Serienmotorrad der Welt

Mit Superlativen sollte man immer vorsichtig sein, vor allem, wenn es um ein solch emotionales Thema wie das motorisierte Zweirad geht. Deshalb reden sich die Experten die Köpfe über das Thema „Wer hat's erfunden?" heiß. Um der Gefahr vorzubeugen, Feuer ins Öl zu gießen, beschränken wir uns auf mehr oder minder gesicherte Erkenntnisse, bei denen sich die Fachwelt ausnahmsweise einmal einig ist: Das erste Serienmotorrad der Welt war ein Münchner Kindl.

Denn die Brüder Heinrich und Wilhelm Hildebrand sowie Alois Wolfmüller verwendeten erstmals den Begriff „Motorrad" für das von ihnen erfundene Zweirad – diese Wortschöpfung taucht nachweislich erstmals im Patent Nr. DRP 78553 auf, das vom Kaiserlichen Patentamt am 20. Januar 1894 für eben dieses „Zweirad mit Petroleum- oder Benzinmotorbetrieb" ausgestellt wurde.

H&W-Serienversion mit Lampe, aber ohne Vorderbremse

H&W-Versuchsträger im Deutschen Museum in München

Frühe Expertise

Während die Gebrüder Hildebrand als Auftraggeber das Projekt überhaupt initiierten, waren die Ingenieure Alois Wolfmüller und Hans Geisenhof die genialen Konstrukteure dieses motorgetriebenen Einspurfahrzeugs. Intensive Erfahrungen mit dem Thema Motorisierung hatten die beiden bereits bei Carl Benz & Co. Motoren- und Automobilbau in Mannheim und beim späteren Motorradhersteller Dürkopp in Bielefeld gesammelt. Die gemeinsame Motorradfabrik nahm am 1. März 1894 in der Colosseumstraße 1 in München ihren Betrieb auf. Es ist damit weltweit das erste zur Serienreife gelangte Motorrad, das in erwähnenswerten Stückzahlen produziert wurde.

Nähe zur Dampfmaschine

Die Konzeption des Antriebs zeigt noch eine große Ähnlichkeit mit der Dampfmaschine: Der Viertaktmotor, ein Parallel-Zweizylinder mit 1.488 cm^3, liegt waagerecht im Rahmen vor dem Hinterrad. Die Pleuelstangen übertragen die Leistung von 2,5 PS ohne Kupplung oder Getriebe direkt auf die Hinterachse.

Heute sollen hierzulande noch acht Exemplare der Hildebrand & Wolfmüller existieren, die beispielsweise im Deutschen Zweirad- und NSU-Museum in Neckarsulm, im Motorradmuseum auf Schloss Augustusburg und im PS.SPEICHER in Einbeck zu besichtigen sind. Der Prototyp für die ersten Testfahrten von 1893 steht im Deutschen Museum in München.

Erste Schritte

Wie das Motorrad erwachsen wurde

2

Das steigende Interesse an Motorrädern spiegelt sich praktischerweise in der Presselandschaft wider: Die erste kraftfahrzeugtechnische Publikation hieß „La Locomotion Automobile“ und wurde 1894 in Paris gegründet, 1895 folgte „The Autocar“ in London und 1898 in Berlin „Der Motorwagen“. Zu dieser Zeit berichteten bereits mehr als die Hälfte der rund 28 am Markt befindlichen Fahrradzeitschriften über solche mit Motorantrieb. Für die Motorentechnologie bedeutsam war der 1893 patentierte Spritzdüsenvergaser von Wilhelm Maybach und die 1901 patentierte Magnetzündung von Robert Bosch, die einige Probleme des Verbrennungsmotors nachhaltig lösten.

Alle machten mit

Zu dieser Zeit versuchten fast alle namhaften Fahrradhersteller einen Fuß in das zukunftsorientierte und wachsende Motorradgeschäft zu bekommen. Zumeist handelte es sich bei den Produkten aber um Fahrräder, die behelfsmäßig mit einem Motor versehen wurden, sprich: um Fahrräder mit Hilfsmotor. Doch die Rahmen dieser frühen Anfertigungen hiel-

Echter Renner: die Curtiss V8 von 1907

Die Motosacoche aus der Schweiz war mehr ein Fahrrad mit Hilfsmotor

ten der Belastung auf Dauer nicht stand, auch war die perfekte Einbaulage für den Motor noch nicht gefunden. Erst ab 1900 gab es spezielle Fahrwerkskonstruktionen, wobei die Probleme der Kraftübertragung sowie das Anfahren und Anhalten nicht gelöst waren.

Das Verdienst, den Weg zum klassischen Motorrad geebnet zu haben, gebührt neben vielen anderen FN Fabrique Nationale mit Sitz in Herstal bei Lüttich in Belgien, Progreß in Berlin und den Gebrüdern Werner in Paris, die 1901 einen luftgekühlten Viertakt-Einzylinder ganz klassisch im unteren Teil des Rahmens mittig an die Stelle des Tretlagers beim Fahrrad platzierten. Das verbesserte die Straßenlage wie die Laufkultur wesentlich. Von da an gab's kein Halten mehr bei Motorwachstum, Leistungszuwachs und innovativen Fahrwerks- und Antriebskonzepten.

Bestseller im 19. Jahrhundert

Das erfolgreichste motorisierte Vehikel bis zur Jahrhundertwende war kein Zwei-, sondern ein Dreirad: Vom De-Dion-Bouton-Motordreirad aus dem Jahr 1897 wurden in Europa rund 15.000 Exemplare verkauft.

Wilde Anfänge

3

Die Zeit vor dem Ersten Weltkrieg

Die Entwicklung der Motorradtechnik oblag in der Zeit bis zum Ersten Weltkrieg der westlichen Welt, also Europa und den Vereinigten Staaten von Amerika. 1899 bauten Laurin & Klement in Böhmen die ersten Motorräder, 1901 begann die belgische Fabrique Nationale d'Armes de Guerre, kurz FN, mit der Motorradfertigung ebenso wie Royal Enfield im britischen Redditch. Die industrielle Produktion von Motorrädern im großen Stil lief im gleichen Jahr in Amerika an: George Hendee und Oscar Hedstrom gründeten in Springfield, Massachusetts, mit Indian die Marke, die von 1913 bis 1917 der größte Motorradhersteller der Welt sein würde. Dazu kam die als Neckarsulmer Strickmaschinen Fabrik gegründete Firma NSU, Opel in Rüsselsheim und Brennabor in Brandenburg an der Havel. 1902 nahm im englischen Coventry Triumph seine Produktion auf. Gründer waren die ausgewanderten Deutschen Moritz Schulte und Siegfried Bettmann, der bereits ab 1886 Fahrräder unter dem gleichen Namen vertrieben hat.

Ohne Schnickschnack: Emblem-Rennmotorrad 1912.

Harley kommt

1903 betrat der letzte Mitbegründer des modernen Motorradzeitalters die Bühne: In Milwaukee im US-Bundesstaat Wisconsin nahm die Harley-Davidson Motor Company, gegründet von William S. Bill Harley und Arthur Davidson, später ergänzt durch die Brüder William A. und Walter Davidson, ihre Arbeit in einem Schuppen auf – mit einer ersten Jahresproduktion von ganzen drei Maschinen. Weitere bekannte Namen aus dem ersten Jahrzehnt des neuen Jahrhunderts waren AJS in Wolverhampton, Ariel, British Small Arms BSA und Norton in Birmingham, Gilera in Mailand, Husqvarna in Schweden, Matchless in London, NSU in Neckarsulm, Peugeot in Lille, Puch in Graz, Saroléa in Herstal, Terrot in Dijon, Victoria in Nürnberg, Dürkopp in Bielefeld, um nur eine kleine Auswahl der vielfältigen Motorradindustrie zu präsentieren.

Harley Model 10-F – 70.000 $ wert.

Experimentierphase

Technologisch war die Zeit vor dem Ersten Weltkrieg geprägt vom Ausprobieren und Experimentieren, noch gab es keine allgemeingültigen Regeln für die Konstruktion von Motoren oder Fahrwerken. 1902 stellte Griffon ein Motorrad mit V-Motor vor, 1904 baute FN erste Motorräder mit Vierzylindermotor und Kardanwelle, Indian führte den Gasdrehgriff ein. Ab 1904 erschienen die ersten Motorräder mit gefederter Vorderradaufhängung, 1909 erfand der geniale Motorradbauer Alfred Angas Scott in Bradford den Kickstarter. 1911 ging als das Jahr der Wechselgetriebe in die Motorradgeschichte ein, die separaten Zahnradgetriebe mit Kupplung begannen sich durchzusetzen. 1914 bot Indian als Gipfel des Komforts serienmäßig einen elektrischen Starter und eine elektrische Beleuchtung an.

Befeuert wurde die Motorradentwicklung durch den militärischen Einsatz. Im Krieg dienten die schnellen und beweglichen Zweiräder zur Nachrichtenübermittlung durch Meldefahrer sowie mit Beiwagen als Krankentransporte. Im Ersten Weltkrieg waren Wanderer und NSU die Hauptlieferanten für das kaiserliche Militär, Triumph, Douglas und Phelon & Moore waren auf britischer, Indian sowie Harley-Davidson auf amerikanischer Seite die Anbieter von Militär-Zweirädern.

Boomzeit

4

Zwischen den Kriegen

In der Zeit nach dem Ersten Weltkrieg entwickelte sich Harley-Davidson zum größten Motorradhersteller der Welt. 1920 hatte der Hersteller aus Milwaukee mehr als 2.000 Mitarbeiter und verkaufte weltweit 28.980 Motorräder – die Marke wurde zum ersten Mal Weltmarktführer. In Deutschland begannen zahlreiche Unternehmen mit der Motorradproduktion, darunter bekannte Namen wie DKW (1922) und BMW (1923), die vorher in anderen Wirtschaftszweigen unterwegs waren. Dabei erfolgte das Umdenken in den deutschen Unternehmen nicht ganz freiwillig: Die zahlreichen Rüstungsbetriebe mussten auf Friedensproduktion umstellen und wegen der Beschränkungen, die ihnen der Friedensvertrag von Versailles auferlegte, neue Produkte entwickeln. Das galt für BMW in München genauso wie für die Firma Zünder-Apparatebau GmbH in Nürnberg, für die Firmeninhaber Fritz Neumeyer im Jahr 1921 beschloss, mit der Entwicklung und dem Bau von Motorrädern zu beginnen und die Namensbestandteile neu zu ordnen – Zündapp war geboren.

Zweiradschwemme

Die Dynamik der 1920er-Jahre manifestierte sich in der zunehmenden Motorisierung und dem Boom von Auto- und Motorradrennen – so konnte 1927 die Einweihung des Nürburgrings mit großem Tamtam gefeiert werden. 1921 war auch die Zeit für die Neugründung einer Zeitschrift mit Namen „Das Motorrad“ als Hauspostille der Zweiradfahrer gekommen. In den 1920er-Jahren begann zudem die außermilitärische Verbreitung von Motorrädern mit Beiwagen.

Münchener Beginn: BMW R 32

In Deutschland erlebte das kleine Motorrad einen Siegeszug sondergleichen, begünstigt durch die Steuerbefreiung für Motorräder bis 200 cm³ Hubraum ab 1928 sowie die Aufhebung der Führerscheinpflicht für diese Fahrzeugklasse ein

Ein erster Tourer, die Moto Guzzi Norge GT von 1928

Jahr später – damals hatte der Fahrlehrerverband offensichtlich noch keine große Lobby. Dadurch und durch die stärker auf das Automobil konzentrierten anderen Industriestaaten Großbritannien, Frankreich und USA ist zu erklären, dass DKW in dieser Zeit zum größten Zweiradhersteller der Welt aufsteigen konnte. Und 1932 in Deutschland mehr Kleinkrafträder als Motorräder zugelassen waren.

Eine technische Revolution stellte BMW 1935 mit der Teleskopgabel vor, im selben Jahr baute der japanische Hersteller Koto Trading Company, eine Tochterfirma von Sankyo, erstmals die Harley-Davidson Flathead in Lizenz nach. Koto Trading war damit der erste japanische Motorradhersteller zu einer Zeit, als Kawasaki, Yamaha und Suzuki ihren ureigenen Geschäften ohne Räder nachgingen und der heranwachsende Soichiro Honda vermutlich noch andere Dinge im Kopf hatte.

Rennsport als Katalysator

Das Thema Rennsport und Rekorde mobilisierte und elektrisierte die Massen. 1920 gelang Ernest Walker in Daytona auf einer Indian mit 167,67 km/h der erste von der FICM anerkannte Geschwindigkeitsweltrekord. Bis 1937 wurde der Geschwindigkeitsrekord durch Motoraufladung auf 279,5 km/h durch Ernst Jakob Henne auf einer Kompressor-BMW RS 255 auf der A5 gesteigert – ein Weltrekord, der den Zweiten Weltkrieg überdauern sollte. Unter den zahlreichen deutschen Rennsporterfolgen ragen die Tourist-Trophy-Siege von Ewald Kluge 1938 auf einer Ladepumpen-DKW und von Georg „Schorsch" Maier ein Jahr später auf der Kompressor-BMW heraus.

Kriegswirren

5

Der Zweite Weltkrieg und seine Folgen

Im Zweiten Weltkrieg wurde das Motorrad in großem Maßstab eingesetzt. Alle kriegsführenden Nationen stellten ihre Produktion auf militärische Zweiräder um, an eine zivile Produktion war angesichts der verlangten Stückzahlen nicht mehr zu denken.

In Amerika produzierten die heimischen Hersteller Harley-Davidson und Indian mehr als 300.000 Motorräder nur für den großen Krieg, die britische Industrie fertigte 425.000 Motorräder an. Auf deutscher Seite wurden spezielle Seitenwagenmotorräder, die Wehrmachtsgespanne Zündapp KS 750 und die BMW R 75, am laufenden Band produziert.

Krieg statt Entwicklung

Doch der Beginn des Zweiten Weltkriegs kam auch einer Zäsur gleich – der fordernden Produktion fielen Forschung und Entwicklung und damit der technische Fortschritt im Motorradbau zum Opfer. Hüben wie drüben war die Fertigung für den privaten Gebrauch teilweise untersagt, es wurde auf Teufel komm raus für den Krieg produziert.

Auf deutscher Seite zeigte sich aber recht bald, dass die properen Weltkriegs-Gespanne dem VW-Kübelwagen leistungsmäßig und vom Einsatzspektrum her unterlegen waren und daher nach und nach ersetzt wurden.

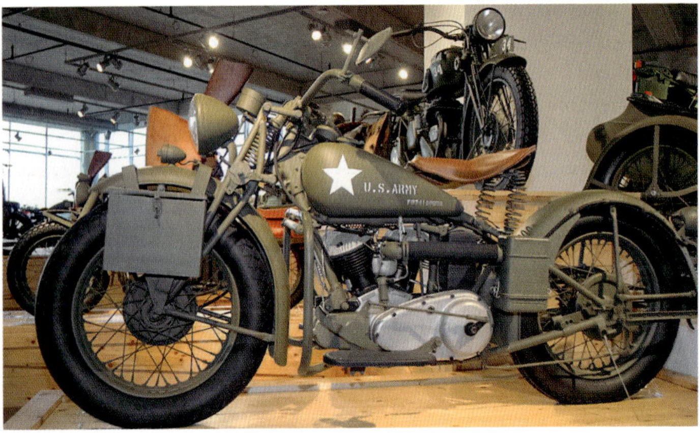

Indian baute die Scout 741 für den Kriegseinsatz.

Neue Mobilisierung

6

Auf zwei Rädern ins Wirtschaftswunder

In der Nachkriegszeit war das Motorrad das Fortbewegungsmittel der Massen. Es profilierte sich als günstiges Transportmittel für den einfachen Mann. Wer von A nach B wollte, war auf das Motorrad angewiesen, an Werk- und Sonntagen und auf allen Wegen – die kurz nach dem Krieg eher an Schlaglochpisten denn an Straßen erinnerten. Dafür mussten die Zweiräder möglichst robust, zuverlässig und einfach konstruiert sein, denn der Motorradfahrer von damals war zumeist auch sein eigener Schrauber.

Brot und Butter

Solche typischen „Bauernmotorräder" waren die DKW RT-Baureihe bis zur DKW RT 250, Viktoria KR 25, BMW R 24 und 25, NSU Lux und Zündapp DB 201. Heute würde man diese Kategorie eher als „Brot-und-Butter-Maschinen" titulieren.

Aus der Not heraus wurden bis etwa 1950 die letzten Vorkriegsmodelle in der Produktion nochmals aufgelegt – der Krieg hatte die Entwicklung gestoppt, neue Ideen und technologische Fortschritte kamen erst Anfang der 1950er-Jahre auf den Markt. Die Motorradszene belebte sich zusehends und das Motorrad durfte seinen ersten großen Boom nach dem Krieg feiern.

Ab 1955 schwand jedoch das Interesse an den Motorrädern, denn das Wirtschaftswunder und der daraus resultierende Wohlstand sorgten dafür, dass sich immer mehr Deutsche ein Auto leisten konnten und das Motorrad vergaßen. Und das wortwörtlich, denn die Zweiräder dümpelten oftmals in Scheunen und Garagen herum und wurden nicht entsorgt: Bis 1957 (Bundesrepublik Deutschland) beziehungsweise 1989 (DDR) gab es hierzulande mehr Motorräder als Autos. Darin unterschied sich Deutschland deutlich von den westeuropäischen Nachbarländern und den USA, die durch ihren höheren Industrialisierungsgrad und den damit verbundenen größeren Wohlstand schon deutlich früher als die Deutschen das Automobil zu ihrem Lieblingskind erkoren.

Britischer Traum: Ariel Square 4

Das Motorrad im Abseits

7

Roaring Sixties and Seventies

Nach den harten Jahren des Wiederaufbaus Anfang der 1950er-Jahre boomte das deutsche Wirtschaftswunder ab Mitte des Jahrzehnts mit Vollbeschäftigung und steigenden Löhnen bei immer kürzer werdenden Arbeitszeiten – plakativ war der Slogan „Samstags gehört Vati mir“ des Deutschen Gewerkschaftsbundes. Die Deutschen konnten und wollten sich für die Entbehrungen belohnen und steckten sich neue Ziele – sei es die Urlaubsfahrt in die Alpen oder sogar darüber hinaus zum Teutonengrill an der Adria, vor allem aber galt es den Traum vom eigenen Automobil Realität werden zu lassen – zumeist mit einem VW Käfer. Motorräder waren nur interessant, solange man sich eben noch kein Auto leisten konnte. Als Folge davon brachen in der zweiten Hälfte der 1950er-Jahre die Verkaufszahlen von Motorrädern regelrecht ein.

Kleine Motorräder bleiben

Die Motorradnachfrage und damit auch die Produktion verringerten sich beständig, um 1969 die bis dato niedrigsten Produktions- und Zulassungszahlen (exakt 4.863 Fahrzeuge über 50 Kubik) zu verzeichnen. Mit wenigen Ausnahmen ließen die deutschen Hersteller ihre Motorradsparte fallen, sofern sie andere Geschäftsfelder hatten, oder gingen in Konkurs. Die deutsche Motorradindustrie lag am Boden. Während im Osten MZ noch halbwegs lief, stellte im Westen nur noch BMW – mit gerade einmal vierstelligen Produktionszahlen – Motorräder mit großem Hubraum her. Die übrig gebliebenen Hersteller hatten sich auf kleine Motorräder bis maximal 125 cm^3 eingestellt, denn das Interesse an Motorrädern kam in den ausgehenden 1960er-Jahren vornehmlich von den Jugendlichen ab 16 Jahren. Die hatten keine andere Möglichkeit der individuellen Mobilisierung – nicht nur in den ländlichen Regionen war der öffentliche Personenverkehr praktisch noch nicht existent. Ende der 1960er-Jahre waren die 50er der Marken Kreidler, Hercules und Zündapp schwer angesagt.

Technik-Stillstand

Der Rückzug weiter Teile der Industrie aus dem Zweiradbusiness wirkte sich auch noch im nächsten Jahrzehnt negativ aus: Als nach der Depression der 1960er-Jahre die Motorradkonjunktur in den 1970er-Jahren wieder ansprang, waren die wenigen noch aktiven deutschen Hersteller

Britische Baukunst in Form der Triumph Speed Twin

technisch und produktionslogistisch hoffnungslos veraltet, der Rückstand gerade auf die japanischen Werke zu groß – die versäumten Investitionen in Entwicklung und Rationalisierung waren nicht mehr aufzuholen und schlugen unbarmherzig zurück. Einen hohen technischen Standard mit standfester Qualität zu günstigen Preisen gab es in den 1970er-Jahren allein aus Japan. Was aus Europa kam, war entweder zu teuer oder nicht zuverlässig genug – oder beides.

Parallel dazu wurde das Motorrad beziehungsweise seine Stellung in der Gesellschaft neu definiert. Motorräder wandelten sich auch in Deutschland von nützlichen Alltagsgefährten zu Freizeitgeräten. Doch anders als in den Staaten und in England taugte das Motorrad hierzulande kaum als Medium der Rebellion, wie es die Rocker in London und die amerikanische Jugend noch ein Jahrzehnt früher nutzten.

Englischer Rebell mit Lederjacke

8 Japan kommt

Eroberung aus Fernost

Eigentlich tragen die Alliierten des Zweiten Weltkriegs die Schuld daran, dass sich Japan zur Motorradgroßmacht entwickeln konnte. Denn nach dem Zweiten Weltkrieg durften die Japaner durch Beschluss der alliierten Siegermächte keine Flugzeuge oder sonstigen kriegswichtigen Güter mehr bauen. Was nach der Bombardierung noch funktionierte, wurde kurzerhand auf die Produktion von Basisprodukten zur Mobilität umgestellt. Kawasaki beispielsweise fertigte Getriebebaugruppen für Mopeds und Motorräder, alsbald produzierten die japanischen Hersteller auch ganze Motorräder für den heimischen Markt.

Jede Menge Marken

In den 1950er-Jahren existierten in Japan unheimlich viele Motorradfirmen. Mehr als 100 Unternehmen buhlten um die Gunst der Kundschaft. Bridgestone als Motorradhersteller, Marusho, Riruo, Miyata, Gasuden, Tohatsu und etliche mehr bedienten einen Markt, der pragmatische Fortbewegungsmittel forderte. 1955 betrug der Jahresabsatz rund 200.000 motorisierte Zweiräder, hauptsächlich 50er und 125er, aber auch 250er und sogar 500er. Vier Jahre später, 1959, stieg die Produktion mit unglaublichen 775.000 Stück auf das Dreifache.

Während in Japan Zweiräder die Alltagsmobilität sicherten und darüber ihren Siegeszug antraten, spielten sie im Rest der Welt, vor allem auf dem größten Markt, in den USA, noch keine Rolle – dieser wurde seinerzeit von den großvolumigen britischen und amerikanischen Twins dominiert. Honda engagierte sich schon 1959 auf der anderen Seite des Pazifiks. Die anderen großen drei Japaner folgten kurze Zeit später. Bis zum Siegeszug brauchte es aber noch ein paar Jahre, denn die japanischen Modelle waren noch zu klein und zu wenig eigenständig – immer wieder machte das böse Wort von der Kopie die Runde, und tatsäch-

Bridgestone als Motorradbauer mit der 350 GTR

Als Vorläufer von Kawasaki baute Meihatsu die 125 von 1957.

lich orientierten sich die Japaner zuallererst an den erfolgreichen West-Modellen. Beispielsweise glich Yamahas erster Zweitakter YA1 haargenau der DKW RT 125.

Schnelle Nippon-Bikes

Nachdem die Kundschaft im eigenen Land versorgt war, eroberte Nippon erst den amerikanischen Markt, wenig später war Europa an der Reihe. Im Vergleich zu den bekannten Maschinen waren die Motorräder von Honda, Yamaha, Suzuki und Kawasaki außergewöhnlich, schnell und stark – 1969 stellte Honda mit der CB750 Four ein richtungsweisendes Motorrad mit quer eingebautem Vierzylinder-Viertaktmotor und hydraulisch betätigter Scheibenbremse am Vorderrad vor, 1972 folgte die Kawasaki Z 900 als das erste moderne Superbike. Die japanische Motorradindustrie stellte 1972 jährlich über 3,5 Millionen Motorräder her, während im selben Jahr Deutschland einen Tiefstand im Bestand von nur 198.221 zugelassenen Motorrädern aufwies. Honda wurde Weltmarktführer; das Kleinmotorrad Honda Super Cub war – und ist immer noch – das weltweit meistgebaute motorisierte Zweirad. Den japanischen Herstellern gelang es, die aus den USA stammende neue Bedeutung des Motorrads als „Sport-, Hobby- und Freizeitgerät" in der industrialisierten Welt zu installieren und technische Perfektion zum Credo für den Motorradbau zu erheben.

Verluste

9

Europas Markenvielfalt schrumpft

Motorradmarken kommen und gehen, nur die wenigsten bleiben – gemessen an der absoluten Anzahl. In Europa herrschte wie in den anderen bedeutsamen Regionen Amerika und Japan in Boomzeiten eine große Vielfalt. Hüben wie drüben sorgten die Wellentäler in der Entwicklung jeweils für eine Marktbereinigung. Doch was sich beginnend in den 1950er- und über die 1960er- bis Anfang der 1970er-Jahre in Europa abspielte, war ein Markensterben ohne Beispiel. Von den deutschen Herstellern wurden Adler, DKW und Hercules schon Ende der 1950er-Jahre eingestampft, NSU, Horex, und Zündapp erwischte es ein paar Jahre später. Einzig BMW konnte sich mehr schlecht als recht so gerade noch halten, nicht zuletzt durch den Ausbau der Auto-Aktivitäten.

Englands Industrie stottert

Noch ärger traf es die erfolgsverwöhnten Engländer: Beherrschten die Briten-Bikes bis zum Anfang der 1960er-Jahre den Weltmarkt in Nord- und Südamerika, Asien und Europa, so traf sie die Rezession Mitte der Sechziger tief ins Mark. Die Ignoranz gegenüber der von Jahr zu Jahr

BSA baute den Twin Gold Star von 1937 bis 1963.

rapide zurückgehenden Nachfrage, veraltete Technik, mangelhaftes Management und jede Menge Streiks mit daraus resultierenden Lieferschwierigkeiten sowie eine falsche Modellpolitik machten der einst ruhmreichen britischen Motorradindustrie den Garaus – sie war einfach nicht anpassungsfähig.

Die Hercules K 125 GS mit Sachs-Motor als Scrambler-Vorläufer

BSA Gold Star, Road Rocket, Thunderbolt und Spitfire, die Triumph Tiger, Trophy und Bonneville, die Norton Manx, Atlas und Commando, dann die Royal Enfield Bullet und Interceptor und natürlich die Velocette Venom Thruxton – allesamt Traummotorräder. Danach kamen die faszinierenden Café Racer, ausschließlich fürs Schnellfahren in feiner Heimarbeit umgebaute Bikes. Was viele darüber vergessen: Schon in den 1960er-Jahren waren manche englischen Bikes bereits Legende, allen vorweg Vincent mit der sagenumwobenen 1000er Black Shadow und der Black Lightning. Als letztes Aufbäumen gegen den Untergang schlossen sich in England Norton, Triumph und BSA zusammen. Doch wenn man drei Kranke in ein Zimmer steckt, wird keiner gesund – und so war's auch.

Motorrad steht für Freiheit

Was die klassischen Motorradfirmen nicht sahen oder nicht sehen wollten, war eine Neubewertung des Themas Motorrad, einhergehend mit einer Neuorientierung der am Motorrad Interessierten – Motorräder waren plötzlich keine „Arme-Leute-Fahrzeuge“ mehr, die die notwendige Alltagsmobilität sicherten. Motorradfahren bedeutete vor allem in den USA und Großbritannien einen neuen Lebensstil, der von Freiheit, Abenteuer und Unabhängigkeit geprägt war.

Neben den Firmen erwischte es natürlich auch die Händler – nur wenige konnten sich über Wasser halten oder wechselten mit fliegenden Fahnen zu den Japanern. Durchaus mit Erfolg, wie die große Anzahl langjähriger Honda-, Yamaha-, Kawasaki- und Suzuki-Vertretungen beweist. Die neuen, angesagten Motorräder kamen aus dem Land der aufgehenden Sonne und hießen CB 450, CB 750 Four, 500 H1 Mach III, Z 900, Z1, GT 750 „Wasserbüffel“ und XS 650.

Rollenwechsel

10

Neue Freiheit der Siebziger

In den 1970er-Jahren bekam das Motorrad nach und nach eine neue Bedeutung. In einem streng reglementierten Umfeld wurde das motorisierte Zweirad zum Medium für die Freiheitsliebe, das Bike symbolisierte die Rebellion und bot den Heranwachsenden die einzige Fluchtmöglichkeit aus der Welt der Spießer. Sechzehnjährige konnten den Führerschein der damaligen Klassen vier und fünf machen, womit sie ein Moped oder gar Kleinkraftrad fahren durften. Während die Zulassungszahlen für Krafträder mit mehr als 50 cm^3 Hubraum bis 1971 permanent rückläufig waren, wuchs die Zahl der 50er in diesem Zeitraum ständig, was den fruchtbaren Boden für ein „richtiges" Motorrad bereitete, sobald der große Motorradführerschein erworben werden konnte. Nicht zuletzt befeuerte der im Dezember 1969 endlich in die deutschen Kinos gekommene Film „Easy Rider" den Wunsch nach einem Ausbruch aus den verkrusteten Gesellschaftsstrukturen.

Zweiter Motorradboom

Der Motorradindustrie erwuchs aus dem Nichts eine völlig neue Kundenschicht der über Zwanzigjährigen, die letzten Endes ab 1975 den Beginn des zweiten Motorradbooms nach dem Zweiten Weltkrieg einläutete. Der Motorradbestand über 50 cm^3 Hubraum in der Bundesrepublik Deutschland war 1972 auf den historischen Tiefststand von 198.000 Modellen gesunken, doch schon 1976 war er innerhalb von nur fünf Jahren um fast die Hälfte wieder auf 291.858 Motorräder angewachsen. Und das in einem gesellschaftlichen Umfeld, das Motorradfahrer entweder als Randexistenzen brandmarkte, die sich kein Auto leisten konnten, oder als

Freiheitsgefühle mit Verspätung

Als der Kinofim „Easy Rider" in die deutschen Kinos kam, hatte er in Amerika schon längst eine Kulturrevolution losgetreten. Das Road Movie über das Lebensgefühl der Biker wurde schon am 8. Mai 1969 als offizieller Beitrag der Vereinigten Staaten beim Filmfestival von Cannes gezeigt und war dort in aller Munde, in die deutschen Kinos kam der Kultfilm aber erst am 19. Dezember 1969.

Der fahrbare Untersatz von „Captain America" war ein Symbol für Freiheit.

Outlaws und Rocker, die ihre Umgebung terrorisierten. Tatsächlich entstanden in dieser Zeit Rockergangs, die sich an den Vorbildern aus den USA orientierten: Dort gründeten aus dem Korea-Krieg zurückgekehrte, frustrierte und traumatisierte Soldaten Banden, die sich nicht um Staat und bürgerliche Moral scherten und ihre eigenen Gesetze aufstellten.

Solidarische Biker

In diesen Zeiten entstand die Solidarität unter den von einer breiten Öffentlichkeit abgelehnten Motorradfahrern, die im sogenannten Motorradgruß gipfelte, bei dem sich jeder Biker mit der erhobenen linken Hand grüßte. Motorradfahren wurde nach und nach zu einer Art Lebensstil, mit dem man sich von der Masse abhob. Erst ab Mitte der 1970er-Jahre bekam die allgemeine Öffentlichkeit die sich wandelnde Rolle des Motorrades zum Freizeitvehikel mit. Überhaupt drehten sich die Gedanken nicht mehr nur um Arbeit und Verpflichtungen, sondern gaben der freien Zeit immer mehr Raum. Auch bei Älteren kam der Wunsch nach mehr Freiraum auf, um vom alltäglichen Stress abschalten zu können – und dafür war das Motorrad ein ideales Mittel.

Ein herkömmliches Mittelklasse-Motorrad wies damals 250 oder 350 cm^3 Hubraum auf, die großen Maschinen begannen bei 500 cm^3. Alles darüber waren Traummotorräder, kaum beherrschbar, wie eine Kawasaki Z 900 oder die BMW R 90-Serie.

Wiederbelebung

11 Aufschwung der Achtziger und Neunziger

Es begannen die Jahrzehnte des technologischen Fortschritts. Allerdings muss man zugeben, dass das Motorrad dabei ganz erheblich von den bereits erzielten Errungenschaften bei den Automobilen profitierte – Ketzer behaupteten, man brauche die Komponenten aus dem Pkw nur zu verkleinern, schon hätte man die Technik. Doch so einfach funktioniert das nicht, wie sich eindrucksvoll gezeigt hat. 1980 gab es die erste elektronische Benzineinspritzung in einem Serienmotorrad, bei der Kawasaki Z 1000 Fuel Injection. Ein Jahr später präsentierte Honda die CX 500 Turbo, das erste Serienmotorrad mit Abgasturbolader. 1985 folgte Suzuki und definierte mit der kompromisslos aus dem Rennsport abgeleiteten GSX-R 750 die Klasse der Supersportler. 1988 brachte BMW das erste Antiblockiersystem für Motorräder, zunächst noch als Option, und 1992 gab es erstmals eine Traktionskontrolle bei der Honda Pan European. Einen weiteren Meilenstein markierte 1999 die Suzuki Hayabusa 1300, die als erstes Serienmotorrad die Marke von 300 km/h knackte.

Sicherer und komfortabler

Nicht zuletzt dieser technische Fortschritt und der damit verbundene Sicherheits- und Komfortgewinn war es, der das Motorrad wieder interessant machte. Die Absatzzahlen stiegen kräftig: Der Motorradbestand verdoppelte sich in den fünf Jahren von 1980 bis 1985 auf 1,4 Millionen, die Neuzulassungen stiegen unaufhaltsam an und erreichten in Deutschland im Jahr 2000 den absoluten Höchststand mit 253.138 neu zugelassenen Motorrädern.

Honda CB 750 Four – schon immer ein Traum.

Im Windschatten der japanischen Dominanz erholte sich seit Mitte der 1980er-Jahre auch ein Teil der europäischen Motorradindustrie wie BMW, anderen sicherte der Aufschwung noch eine Zeitlang das Überleben, hier wären beispiel-

BMWs K1 betrat als vollverkleideter Technologieträger mit ABS die Bühne.

haft Cagiva, Benelli und Gilera zu nennen. Manche tauchten wieder aus der Versenkung auf – siehe Triumph und MV Agusta. Aus Italien wirbelte Aprilia die gewohnte Reihenfolge im Rennsport gehörig durcheinander und zeigte den Japanern mit den WM-Titeln von Max Biaggi, Valentino Rossi und Marco Melandri, was in Europa möglich ist, wenn man nur will – und der damalige Firmeninhaber Ivano Beggio wollte.

Aufstieg und Fall

Weltweit stiegen die Motorradverkäufe auch nach der Jahrtausendwende zunächst scheinbar unaufhaltsam an. Doch wer hoch steigt, fällt tief: In Europa und den USA brach der Verkauf ab 2007 richtiggehend ein, die Weltwirtschaftskrise traf die Motorradhersteller noch stärker als die Automobilbranche. KTM musste ein Drittel seiner Belegschaft entlassen, bei BMW in Spandau wurde kurzgearbeitet und in Japan wurden fast überall die Investitionen – auch in neue Entwicklungen – zurückgefahren. Kleine Firmen verschwanden einfach vom Markt. Der Zyklus von Auf- und Abschwung wird immer schneller, die jeweiligen Perioden immer kürzer. Seit 2014 scheint sich der Markt wieder zu erholen.

Amerika

12 Alles Harley oder was?

In den USA gab es viel mehr einheimische Motorradmarken, als man heutzutage glauben mag. Vor dem Ersten Weltkrieg tummelten sich unzählige Motorrad-„Startups“, noch nicht im Silicon Valley, sondern überall in den Staaten. Fabrikanten wie California oder Cleveland trugen ihre Herkunft stolz im Namen, andere denjenigen ihres Besitzers wie Henderson und Iver Johnson oder sie hießen einfach American – davon gab es gleich drei. Doch die ganze bunte Vielfalt mit rund hundert Marken war schon mit der ersten großen Wirtschaftskrise noch vor dem Ersten Weltkrieg passé, die „echte“ Weltwirtschaftskrise in den 1920er- und 1930er-Jahren machte den letzten verbliebenen Herstellern den Garaus – Henderson beispielsweise musste 1931 seine Pforten schließen.

Übrig geblieben waren damals lediglich zwei große, den Markt dominierende Marken, die sich in Anzeigen, Werbekampagnen und vor allem auf den Rennstrecken publicityträchtig ein Kopf-an-Kopf-Rennen lieferten: Harley-Davidson und Indian. Beide dominierten bis weit in die 1950er-Jahre hinein den US-Motorradmarkt, wobei das Eingreifen der Amerikaner in den Zweiten Weltkrieg die Zweiradproduktion zuvor richtig befeuert hatte.

Es kann nur einen geben

Letzten Endes aber verlor Indian den Konkurrenzkampf der beiden großen US-Hersteller. Im August 1953 mussten die Werkstore geschlossen werden. Damit wurde für Harley-Davidson als dem letzten verbliebenen US-Hersteller das Leben nicht leichter. Denn Motorräder waren in den USA schon ein Teil der Freizeitindustrie geworden. Erlebnis, Sport und Nervenkitzel funktionierten über Hubraum, Leistung und Image, und da waren die europäischen Hersteller BSA, Norton und Triumph, aber auch die deutschen BMW-Boxer, angesagt. Ab den 1960er-Jahren eroberten dann die Japaner mit ihren leichten Maschinen die USA. Immer mehr Amis kauften japanische Motorräder, 1965 hielt Harley-Davidson nur noch weniger als ein Fünftel des US-Marktes. In den 1970er-Jahren wuchs die Dominanz der japanischen Maschinen, auch weil die europäische Motorradindustrie nach und nach die Segel strich. Mit bis zu 1,5 Millionen Bikes pro Jahr war der US-amerikanische Markt zu dieser Zeit der größte der Welt. Es folgte eine anhal-

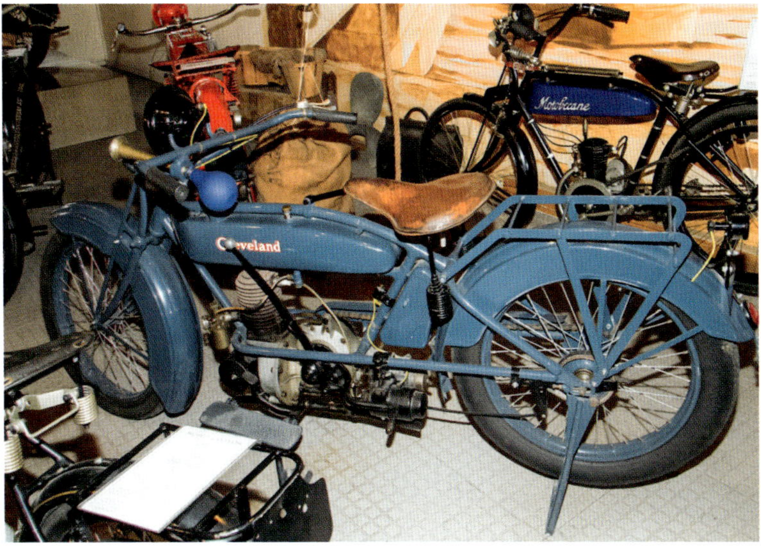

Stolz auf ihre Herkunft: Die von 1915 bis 1929 produzierte Cleveland

tende Flaute, bis 1992 sank der Verkauf auf einen Tiefststand von nur noch 278.000 motorisierten Zweirädern – inklusive Roller.

Krise überwunden

Erst danach stabilisierte sich die amerikanische Wirtschaft, und bei Harley spielten die Marketingfachleute das Instrument der heimischen Produktion laut und erfolgreich: Mit 200.000 verkauften Bikes im Jahr 2000 war Harley wieder eine ganz große Nummer im Motorradgeschäft. 2002 kratzte der Markt noch mit 936.000 Stück an der Million, 2005 war die Marke endlich geknackt: Der Motorcycle Industry Council (MIC, Motorrad-Industrieverband) konnte mit 1.116.000 verkauften Motorrädern ein Jahrtausendhoch bejubeln. Diese Hoch-Zeit hielt noch drei Jahre an, dann kam die weltweite Wirtschafts- und Zweiradkrise und der US-Markt brach bis 2010 um mehr als die Hälfte ein.

Wer Amerika nur mit großvolumigen Cruisern und Choppern in Verbindung bringt, liegt ziemlich daneben: Denn außer den Straßenmotorrädern spielen in den Vereinigten Staaten die nicht zulassungsfähigen Dirt Bikes, also Enduros und Crosser, eine wichtige Rolle. Diese leichten Geländegänger werden am Wochenende gerne zu Tausenden auf den Pickup geschnallt, es geht irgendwohin ins Nirgendwo und dann wird nach Herzenslust offroad gefahren.

Basisarbeit

13

Mobilität in den Schwellenländern

In gewisser Hinsicht wiederholen die Schwellenländer unsere „Mobilmachung“ der Nachkriegszeit: In Südostasien wie Südamerika ist das Kleinmotorrad angesichts miserabler Straßenzustände und eines nicht vorhandenen Systems öffentlichen Nahverkehrs das einzig zuverlässige Transportmittel. Außerdem kann sich fast jeder eines leisten, egal ob Bauer oder Fabrikarbeiter – wer kennt nicht die Bilder der Kleinfamilie, die sich auf einer 150er Honda, Suzuki oder Yamaha mitsamt Hühnern, der letzten Ernte und der Oma durch den Dschungel auf den Weg zum Markt macht?

Wie groß die Nachfrage in diesen Ländern tatsächlich ist, verdeutlicht eine Schätzung von Bosch: Bis 2021 werden etwa 160 Millionen Zweiräder pro Jahr produziert – das ist ungefähr ein Drittel mehr als heute. Annähernd 90 Prozent davon rollen in China, Indien und Südostasien vom Band. Hero als einer der größten Hersteller Indiens produziert schon jetzt mehr als 6 Millionen Kleinmotorräder.

Robust und simpel

In der Regel zeichnen sich diese Mobilitäts-Ermöglicher durch eine robuste Konstruktion aus, die Elemente von Rollern mit denen der Motorräder verbindet. Mittlerweile kommen fast überall nur noch moderne Viertaktmotoren mit Einspritzung zum Einsatz, meist mit 150 cm^3 Hubraum, Drei- oder Viergang-Halbautomatik und einem gekapselten Kettenantrieb. Ein Stahlrohr- beziehungsweise Blechpressrahmen und gro-

Erzwungener Einstieg

In vielen Schwellenländern sind die großen Hersteller mit Joint Ventures am Start, was aber nur zum Teil an den leichteren Transportwegen und günstigeren Lohnkosten liegt. Viele Staaten schotten sich über Sondersteuern gegenüber importierten Motorrädern ab und zwingen die Unternehmen zur CKD-Fertigung: Bei der Completely Knocked Down-Produktion werden Komponenten und Baugruppen angeliefert und erst im Importland zum fertigen Fahrzeug zusammengesetzt und verkauft – in Brasilien unterhalten BMW, Ducati, Triumph, Honda und andere CKD-Fertigungen.

Hondas Dream ist ein tausendfacher bewährter Lastesel.

ße 17-Zoll-Räder sorgen für eine tadellose Straßenlage unter allen Bedingungen, einen tiefen Durchstieg und großzügige Platzverhältnisse. Als Prototyp all dieser einfachen Zweiräder gilt die Honda Super Cub, die in Asien und Südamerika seit mehr als einem halben Jahrhundert als zuverlässiges Transportmittel nicht wegzudenken ist. Das kleine Viertakt-Motorrad mit dem typischen Beinschild kam 1958 auf den Markt –„Cub" steht übrigens für „Cheap Urban Bikes" – und ist das erfolgreichste Motorrad der Geschichte: Unglaubliche 87 Millionen Exemplare liefen bis 2014 vom Band, und weil die Produktion für die Entwicklungsländer weitergeht, erwartet Honda, bald die 100-Millionen-Marke zu durchbrechen.

Geschichte wiederholt sich nicht

Trotz aller Ähnlichkeiten – ein Besuch in Südostasien ist keine originalgetreue Zeitreise sechzig oder siebzig Jahre zurück in unsere Geschichte: Allein die Zahl der Fahrzeuge und Nutzer ist um ein Vielfaches höher, die Pfade sind noch unwegsamer und der Weg zum Automobil längst nicht so klar vorgezeichnet wie bei uns – die Automobilisierung wird dort deutlich mehr Zeit in Anspruch nehmen.

Alles eine Typfrage

Standard, Nischen und Nischchen

14

Früher war nicht alles besser, wohl aber einfacher. In der Anfangszeit des Motorrades gab es nur eine Kategorie, das Motorfahrrad. Doch es dauerte nicht lange, genau genommen bis 1902, als die ersten Motorräder für einen bestimmten Zweck gebaut wurden – die ersten Rennmotorräder. Schon ein Jahr danach wurden Beiwagen an die motorisierten Zweiräder geschraubt. Dass es bis 1909 dauerte, bis die ersten Geländemotorräder erschienen, muss verwundern angesichts der miserablen Pisten, auf denen sich die Anfänge der Mobilität abspielten. Um 1914 tauchten die ersten Trialmaschinen auf, allesamt für den Wettbewerb konstruiert.

Motorräder sind heute so vielfältig wie noch nie.

Spezial und speziell

Im Laufe der Jahre setzte bei den Motorrädern eine immer stärkere Spezialisierung ein, die Zweiräder wurden immer besser auf den zu erwartenden Einsatzzweck entwickelt und ausgerüstet. Am Anfang stand der universelle Allrounder, ein Alltagsmotorrad wie es im Buche steht. Doch diese „Brot-und-Butter-Maschinen", als Prototyp sei eine Suzuki GS 500 E angeführt, verströmen keine Faszination, sondern brave Biederkeit. In Zeiten, als das Motorrad noch Mobilitätshilfe und nicht Freizeitgut war, gab es praktisch nur Allrounder.

Für jeden etwas

Aufbauend auf dieser Zweiradbasis kreierten die britischen Rocker den Café Racer als heftig umgebautes Straßenrennerle, die Amerikaner erfanden den Chopper für ihre unendlichen Weiten mit ebensolchen Geraden, später folgte der Cruiser als die bequemere Variante. Für Europa wurden die Sporttourer entwickelt, um mit hoher Fahraktivität auch längere Distanzen abwickeln zu können, davon sprachlich wie praktisch nur Nuancen entfernt der Tourensportler. Aus serienmäßigen Naked Bikes – Kennzeichen: keine Verkleidung – entwickelten Umbauer in den 1990er-Jahren die radikalen Streetfighter. Ihnen folgten die Roadster, im Prinzip handelt es sich dabei um sportliche Naked Bikes. Als Gegenpol dazu stehen die Supersportler mit ihren Kunststoff-Vollverschalungen beim Vertragshändler. Von den klassischen Reisemotorrädern gibt es heute nicht mehr allzu viele, sie trugen die ausladenden Dimensionen und das damit verbundene hohe Gewicht mit Stolz durch die Gegend. Ihre logische Ablösung erfolgte durch die Reiseenduros, langbeinige Allrounder mit großem Tank, großem Vorbau und grobstolligen Reifen, die als zweirädrige SUVs seit der Jahrtausendwende voll im Trend liegen. Davon unterscheidet man die reinen Enduros, die ohne Ausstattungsschnickschnack, mit niedrigem Gewicht und Stollenreifen für Ausflüge ins Gelände gemacht sind. Als Vorläufer der reinen Geländelehre stehen die in den 1960er- und 1970er-Jahren in den USA populären Scrambler jetzt wieder hoch im Kurs – mit hochgelegtem Auspuff, grob profilierten Pneus und reichlich Hipster-Attitüde aber eher asphalt- als abenteuerorientiert. Die gleiche Straßenorientierung gilt für die Supermotos, doch diese fahren mit Straßenreifen auf den Speichenrädern deutlich sportlicher über die Kartbahnen der Republik.

Natürlich gibt es noch eine Vielzahl weiterer Unterkategorien wie Power Nakeds, Midsize-Enduros oder andere Wortschöpfungen – der Kern ist aber glücklicherweise immer gleich und verfügt über zwei Räder und einen Motor.

Eins für jeden

Der Allrounder oder Alleskönner

15

Abgesehen von wenigen Spezialmotorrädern waren bis in die späten 1960er-Jahre alle Straßenmotorräder omnipotent einsetzbar, mithin Alleskönner. Erst die Umwidmung des Motorrades vom Transportmittel zum Freizeitobjekt machte die gewünschten Einsatzbereiche vielfältiger. Mussten damals die Besitzer ihre Maschinen nach eigenen Ideen und mit teilweise abenteuerlichen Hilfsmitteln einsatzgemäß umbauen – siehe die ersten Scrambler-Modelle in den USA und die Café Racer in England –, dauerte es noch einige Zeit, bis die Hersteller auf die geforderten Anspruchsprofile reagierten. Beispielsweise war fast jedes Motorrad bis weit in die 1980er-Jahre hinein unverkleidet, Voll- oder Teilverkleidungen waren nur im Rennsport üblich und ansonsten nur bei Zubehörherstellern zu bekommen.

Universell als Auslaufmodell

Doch danach nahm die Diversifizierung dafür umso schneller an Fahrt auf. Weltweit wurden Motorräder produziert, die speziell darauf vorbereitet waren, beispielsweise ins Gelände oder auf die große Tour zu ge-

Suzukis Bandit-Modelle sind klassische Allrounder.

Typisch unverkleidetes Universalmotorrad: Yamaha R5 von 1970.

hen. Der Typus des braven Allrounders, auch als Brot-und-Butter-Motorrad bezeichnet, schien zum Ende des 20. Jahrhunderts nach und nach auszusterben. Die große Vielseitigkeit war nicht mehr gefragt, Spezialisten waren angesagt, die sich technologisch und ausstattungsmäßig immer weiter weg in eine bestimmte Richtung entwickelten: mit großen Verkleidungen Windschutz bieten, langen Federwegen Geländegängigkeit erzielen und potenten Motoren Sportsgeist befriedigen. Im Kontext des Motorrades als Lifestyle-Objekt gerieten die Tausendsassas ein wenig in den Hintergrund, weil universell einsetzbaren Motorrädern naturgemäß ein wenig das Flair des Exotischen abgeht.

Mittelklasse, aber nicht mittelmäßig

Doch das unverkleidete, unproblematische und unkompliziert zu fahrende Motorrad erlebt eine Renaissance unter der Bezeichnung Naked Bike – von den einstigen Universalmotorrädern haben sich ihre heutigen Urenkel aber weit entfernt. Diese Alleskönner in der Motoren-Mittelklasse bedeuten heutzutage nämlich nicht mehr Mittelmäßigkeit, sämtliche Hersteller von Aprilia bis Yamaha haben erkannt, dass viele Menschen beim Motorradfahren nicht mehr ans Extreme denken, sondern an den Fahrspaß, den ein gut gemachtes Zweirad bereiten kann. Dabei zahlt sich aus, wenn diese Modelle auch mit Hingabe entwickelt wurden und nicht mehr nach Mittelmäßigkeit aussehen, wie die zur Z650 mutierte Kawasaki ER-6 oder eine Honda NC.

Zeit vergeht

16

Vom Sportmotorrad zum Supersportler

Es liegt in der Natur der Sache, dass Dinge immer weiter entwickelt, immer spezialisierter werden. Das trifft in besonderem Maße auf den Sportmotorradsektor zu, wo das schneller, stärker, leichter das allein selig machende Credo darstellt. Vom Anbeginn der Zweiradgeschichte versuchen die Hersteller, über sportliche Erfolge ihre Motorräder an den Mann und die Frau zu bringen. Spezielle Technologien werden im Rennsport zum Segen des Normalfahrers entwickelt und erprobt, später fließen sie im Erfolgsfalle in den Serienbau ein.

Vollverkleidet ins Rennen

Noch bis in die 1950er- und 1960er-Jahre waren die echten Rennmotorräder von den Maschinen auf der Straße meilenweit entfernt. Die mehr oder weniger aerodynamische Verschalung der Renner hat es nicht bis in den Serienbau gebracht, von komplizierter Motoren- oder Fahrwerkstechnologie ganz zu schweigen.

Doch das Leistungs-Wettrüsten griff vom Rennsport alsbald auf den Straßensektor über, und sehr schnell machte das elektrisierende Wort vom Superbike die Runde: Als erste Superbikes der Geschichte gelten die Ende

Suzukis GSX-R 750 begründete 1985 die Supersportler-Kategorie.

der 1960er-Jahre vorgestellten BSA Rocket 3/Triumph Trident und die Honda CB750 Four. Ihnen folgten vor allem die japanischen Hersteller. Kawasakis ab 1971 gebaute Z1 mit DOHC-Reihenvierzylinder markierte den Beginn der Epoche der japanischen Big Fours, der großvolumigen Reihenvierzylinder. Doch selbst diese Modelle waren nicht vergleichbar mit den zu jener Zeit um Punkte und Pokale streitenden Rennmaschinen.

Honda-Kracher CBR1000RR Fireblade mit 192 PS und Traktionskontrolle.

Das erste Superbike

Die erste wirkliche Annäherung des Serienbaus an den Rennsport erfolgte mit der Suzuki GSX-R 750 von 1985, die als erste 750er-Serienmaschine 100 PS aus ihrem Reihenvierzylinder holte. Sie war der erste echte Supersportler, der ohne Kompromisse auf eine sportliche Fahrweise getrimmt war; Sitzkomfort, Windschutz oder Zuladung spielten nur eine untergeordnete Rolle. Hier kam es auf das bestmögliche Leistungsgewicht und ein rennsporttaugliches Fahrwerk inklusive wirkungsvoller Bremsen an, Alltagstauglichkeit spielt bei Supersportlern keine Rolle.

Parallel zu den Straßensportlern entstand eine Rennsportklasse für seriennahe Motorräder – die Superbike-Klasse. Seit Einführung einer Weltmeisterschaft im Jahr 1988 gewannen Superbike-Rennen rasch eine große Fangemeinde, heute gilt die WSBK als zweite Königsklasse des Motorradrennsports. Bis 2003 sah das Reglement Hubraumlimits von 750 cm^3 für Vierzylinder und von 1.000 cm^3 für Zweizylinder-Motoren vor. Weil auf der Straße jedoch die Tausender-Modelle den 750ern zusehends den Rang abliefen, durften ab 2004 die Reihenvierer aus bis zu 1.000 cm^3 Hubraum schöpfen, die Zweizylinder bekamen ebenfalls mehr Spielraum zugestanden.

No sports

Im echten Zweiradleben abseits der Rennstrecken hat sich jedoch seit der Jahrtausendwende ein Trend weg vom Supersportler ergeben. Im Alltag sind den Konsumenten die meisten Modelle zu extrem geworden bei Leistungsentfaltung, Ergonomie und letzten Endes auch dem Preis. Einzig in den USA sind Supersportler noch angesagt.

Für Weltanschauer

Der Tourer

17

Die Lust am Reisen, das Kennenlernen anderer Landschaften und Kulturen sind der Ansporn für Reiselustige. Mit dem Motorrad erlebt man nicht nur die Zieldestination, sondern bereits die Anreise besonders intensiv, das ist bekannt, und doch haben die Motorradhersteller diesen Trend zur Tour erst relativ spät in geeignete Modelle umgesetzt. Wer in den 1960er- und 1970er-Jahren mit dem Motorrad auf Tour ging, musste sich beim Gepäck mit dem legendären Elefantenboy-Tankrucksack von Harro und umgeschnallten Satteltaschen behelfen. Wer professioneller unterwegs sein wollte, montierte eine mehr oder weniger passende Windjammer-Verkleidung von Vetter.

Nur verhüllt

Dem Thema Windschutz widmeten sich die Hersteller erst sehr spät, bis in die 1980er-Jahre waren die meisten Motorräder unverkleidet. Heutzutage ist ein vernünftiger Wetterschutz Pflicht – Tourer sind großzügig verkleidet, um den Fahrer wirksam vom Fahrtwind zu entlasten. Die Ergonomie orientiert sich am klassischen Vorbild mit aufrechtem Oberkörper und entspannten Kniewinkeln, der Motor ist eher auf Durchzug als auf Beschleunigung ausgelegt und das Fahrwerk bietet einen Kompromiss aus Stabilität und Handlichkeit. Platz ist reichlich vorhanden für die Besatzung, und für das Gepäck sind demontierbare oder gleich ins Fahrzeug integrierte Koffer an Bord. Für gute Kilometerschnitte sind die Tanks voluminös ausgeführt, oft kommt ein wartungsarmer Kardanantrieb zum Einsatz.

Alpenfreuden mit Triumph Sprint ST

BMW bediente als einer der ersten Hersteller mit seinen verkleideten RS- und RT-Modellen ab 1976 den Kundenwunsch nach einem reisetauglichen Motorrad. In der Folgezeit sprangen immer mehr Hersteller auf diesen Zug auf. Mittlerweile haben sich die Tourer jedoch immer weiter in Richtung Fahrkomfort entwickelt, worunter das Thema Agilität gelitten hat.

Genussvoll Reisen

18

Luxustourer

Größer, schwerer und luxuriöser geht nimmer – die heute angebotenen Luxustourer befriedigen die höchsten Ansprüche an Fahrkomfort und stellen die Krone des Touringsektors dar. Ausstattungsmäßig fehlt es ihnen an nichts, heute gehören vom Entertainment-System mit Lautsprechern über semiaktive, elektronisch verstellbare Fahrwerke bis zu opulenten Platzverhältnissen hochwertige Ausstattungsmerkmale zum guten Ton.

Ausladende Dimensionen

Luxustourer, die auch als solche bezeichnet werden, gibt es seit Anfang der 1980er-Jahre. Bekanntester Vertreter dürfte die Honda Gold Wing sein, die schon als GL 1100 von 1980 mit einer ausladenden Verkleidung samt hoher Scheibe und integriertem Koffersystem sowie Topcase den Inbegriff des luxuriösen Reisens auf zwei Rädern verkörperte. Neben den herausragenden Eigenschaften Windschutz, Sitzkomfort und Stauraum zeichnen sich Luxustourer durch einen jederzeit souveränen Antrieb aus. Dafür kommen nur großvolumige Motoren in Betracht, die mit zwei, drei, vier und sechs Zylindern in verschiedenen Bauformen zum Einsatz kommen.

Die üppige Ausstattung sorgt bei allen Luxustourern für ein außerordentlich hohes Gewicht, das nicht leicht zu handhaben ist. Deshalb verfügen manche Modelle (Honda Gold Wing, BMW K 1600 GTL) sogar über einen elektrisch bedienten Rückwärtsgang, der das Rangieren aus der Parklücke erleichtert.

Sechs Zylinder fürs Touren bei der K 1600 GT

Es war einmal

19

Was aus den Sporttourern wurde

Ende der 1980er-Jahre war der Motorradmarkt noch in der Findungsphase, es entstanden Kreuzungen aus vorhandenen Typen, mit denen man die unterschiedlichen Bedürfnisse befriedigen wollte. Aus dieser Zeit stammen die Sporttourer, aber auch die Tourensportler, wobei die Unterscheidung nicht immer ganz einfach war und sich am jeweiligen Umfeld orientierte. Unterm Strich sind es nur Nuancen, die diese beiden Gattungen voneinander trennen, und die Lücke dazwischen ist wohl nur etwas für Erbsenzähler. Im Automobilbereich kennt man den Begriff des Gran Turismo, der GT-Fahrzeuge als vergleichsweise komfortable und üppig motorisierte Sportwagen beschreibt, mit denen man durchaus lange Strecken bequem reisen kann.

Prima Tausendsassas

Sporttourer waren in den 1980er- und 1990er-Jahren sehr populär, die Generalisten von damals kamen mit den leistungsstarken Motoren aus den Sportlern auf den Markt, die Fahrwerke waren nur minimal modifiziert, aber die Sitzhaltung entspannter als auf den stummellenker-bewehrten „Eierfeilen". Die Vollverkleidungen zeigten sich körperbetonter als bei klassischen Tourern und boten dementsprechend weniger Windschutz – Sporttourer schlugen die Brücke zwischen dem Supersportler und dem

Renaissance der Sporttourer mit Ducatis Supersport-Modellen.

Yamahas FJ-Baureihe steht für pures Sporttouring.

Tourendickschiff. Ihre Eigenschaften kombinierten gute Reisetauglichkeit und hohe Alltagskompetenz, gepaart mit flotten Fahrleistungen und sportlichen Fahreigenschaften.

Frischer Nachwuchs

Die Sporttourer von heute sind schwerer als die Supersportler, aber deutlich leichter als Tourer und versuchen mit ihrem Konzept den Spagat zwischen diesen beiden Motorradtypen. Und genau da liegt der Hase im Pfeffer: Die weitgehende Spezialisierung der Motorradfahrer-Bedürfnisse lässt wenig Raum für Kompromisse. Wer richtig ambitioniert unterwegs sein möchte, legt keinen Wert auf Tourenqualitäten. Wer dagegen gerne reist, bekommt auch im gemäßigten Tourer schon mehr als genug Leistung. Dennoch sind die Sporttourer – oder Tourensportler – nicht vom Aussterben bedroht, vielmehr sprechen die aktuell neu angebotenen Modelle für eine Renaissance: siehe Ducati SuperSport S, Suzuki GSX-S 1000 F, Kawasaki Z 1000 SX, Honda VFR 800 F und BMW R 1200 RS.

Mehr als Geländegänger

Enduro und Supermoto

20

Die Wortschöpfung Enduro hat zwei Bestandteile: „endurance" kommt aus dem Englischen und steht für Ausdauer, „duro" ist Spanisch und bedeutet hart. Eine Enduro ist ein waschechtes Geländemotorrad mit grobstolligem Reifenprofil, langen Federwegen und puristischer Ausstattung, allerdings mit Straßenzulassung und daher mit Blinker und Scheinwerfer versehen. Enduros sind zweirädrige Zwitterwesen, die auf öffentlichen Straßen ebenso wie im unbefestigten Gelände eingesetzt werden können.

Dreck im Gesicht

Auf einer Enduro sitzt es sich aufrecht mit bequemem Kniewinkel, durch die langen Federwege und die benötigte Bodenfreiheit ergeben sich nennenswerte Sitzhöhen. Von der Motorcharakteristik sind Enduros auf Dauerbetrieb ausgelegt, also durchzugsorientiert und weniger auf kurzzeitige Spitzenleistung. Als Motorisierung kamen anfänglich nur Einzylinder infrage, weil sie das geringste Gewicht mit sich bringen.

Auf Enduros werden weltweit neue Freundschaften geschlossen.

Die ersten Enduros waren einfache Umbauten von Straßenmotorrädern, denen eine hochgelegte Auspuffanlage und stärker profilierte Reifen eine gewisse Geländegängigkeit verschafften – das waren die aus dem englischen und amerikanischen bekannten Scrambler vom Ende der 1950er-, Anfang der 1960er-Jahre. Das Thema Enduro wurde einer breiten Öffentlichkeit erst zugänglich mit der Premiere der Yamaha XT 500 im Jahre 1976, dem ersten geländegängigen Großserienmotorrad mit Einzylinder-Viertaktmotor, das anfänglich diese Bezeichnung auch stolz auf dem Seitendeckel trug. Ihre Erfolge bei den ersten beiden Auflagen der Rallye Paris – Dakar beflügelten den Verkauf und das Image der aufs Notwendige reduzierten Geländegänger. In den Folgejahren entwickelte sich nicht nur eine neue Motorrad-Gattung, sondern auch ein neuer Lebensstil für Motorradfahrer: Enduristen galten alsbald als harte Kerle, die Wind und Wetter nicht scheuten, im Zelt übernachteten und sich im kalten Gebirgsbach wuschen. Drei- bis Sechstagebärte waren ihre Kennzeichen ebenso wie die stets dreckbeschmierten Klamotten, ein mit Staub und Insekten unterhalb der Endurobrille verziertes Gesicht zeugte von einer weltoffenen Gesinnung.

Dreiteilung

Im Laufe der Zeit entwickelten sich zum einen sportlicher orientierte Modelle als sogenannte Hardenduros, die nur mit minimalsten Zugeständnissen an eine alltägliche Nutzung ausgestattet waren und sportive Ambitionen befriedigten. Erfinder wenn nicht der Gattung, so jedoch der Bezeichnung waren die Österreicher von KTM, die den Begriff Hardenduro im Jahr 1995 für die sportliche LC4-Baureihe einführten.

Andererseits legte BMW mit Vorstellung der Boxer-R 80 G/S im Jahre 1980 die Basis für den Siegeszug der komfortorientierten, langstreckentauglicheren und leistungsstärkeren Reiseenduros. Dieser Trend nahm mit den asphaltlastigeren und potenteren Modellen ab der Jahrtausendwende so richtig Fahrt auf.

Als dritte Variante tauchten seit Ende der 1980er-Jahre sogenannte Supermotos auf. Anfangs waren dies lediglich mit Straßenbereifung oder Slicks auf kleineren und breiteren Felgen für den Asphalteinsatz optimierte Enduros. Supermoto-Rennen dokumentierten die Vielseitigkeit, indem sie Straßenanteile mit Sektionen im unbefestigten Geläuf kombinierten. Mittlerweile haben sich die Supermotos völlig emanzipiert und kommen als puristische Straßenrenner mit kräftigen Einzylindermotoren, Supersportreifen und straff abgestimmten Fahrwerken auf den Markt. Bei den Supermoto-Wettbewerben wird auf großen Kartstrecken um die Wette gedriftet.

Echter Erfolgstyp

21 Reiseenduros

Die Entwicklung von Motorrad und Auto ist nicht immer vergleichbar, doch beim Thema Reiseenduro tun sich unübersehbare Parallelen auf: Die Reiseenduros versuchen als Weiterentwicklung der puristischen Vorläufer, einen gewissen Abenteuergeist zu vermitteln, den sie konstruktiv bedingt zumeist gar nicht einlösen können. Sie dürfen deshalb mit Fug und Recht als die SUVs unter den Motorrädern bezeichnet werden, auch der Begriff „Straßenenduros" ist nicht verkehrt. Ihre Vorzüge sind der ausgezeichnete Reisekomfort, gerne auch zu zweit und mit viel Gepäck, sie sind vergleichsweise leicht zu fahren, und das auf nahezu jedem Geläuf, selbst leichte Schotterstraßen lassen sich mit ihnen meistern. Man sitzt hoch und bequem, genießt einen ausgezeichneten Überblick über das Verkehrsgeschehen und fühlt sich ein wenig erhaben.

Konstruktiv verändert

Für den spezifischen Einsatzzweck sind sie meist mit einem größeren Tank, aber geringeren Federwegen versehen, wichtig sind Anbaumöglichkeiten für Koffer und ein guter Windschutz, und zur schnellen Über-

Mit der Reiseenduro geht's ab in den Urlaub.

windung der großen Distanzen kommen immer stärkere Antriebsaggregate zum Einsatz. Dadurch erhöht sich das Gewicht, und für bessere Fahreigenschaften auf der Straße zeigen sich auch die Raddimensionen angepasst mit einem 19- statt 21-Zoll-Vorderrad. Die Geländetauglichkeit wurde dem Fahrkomfort und gutem Straßenverhalten geopfert, was dazu geführt hat, dass die komfortablen Tausendsassas den klassischen Tourer abgelöst haben. Nicht nur in Deutschland, sondern weltweit.

Moto Guzzis Beitrag heißt Stelvio.

Beginn einer großen Geschichte

Die Mutter aller Reiseenduros ist die BMW R 80 G/S von 1980 – übrigens steht das Kürzel G/S für Gelände und Straße, und nicht für Geländesport, wie manchmal behauptet wird. Mit der erfolgreichen Teilnahme an der Rallye Paris – Dakar und als fahrbarer Untersatz zahlreicher Abenteurer und Extremreisender hat sie sich einen unvergesslichen Namen gemacht. Davon profitiert die gesamte Baureihe: Seit 1980 wurden bis 2016 weltweit rund 620.000 Exemplare verkauft, womit sie das bestverkaufte BMW-Modell aller Zeiten ist. Die große GS ist in ihren unterschiedlichen Varianten seit Jahren der unangefochtene Bestseller der Neuzulassungsstatistiken in Deutschland wie Europa. Doch die BMW GS ist längst nicht die einzige Reiseenduro, die es zu Weltruhm gebracht hat. Hondas Africa Twin hat seit Anbeginn ihrer Karriere 1988 eine feste Fangemeinde hinter sich geschart, das gilt auch für ihre Markenschwester Transalp. Bei Yamaha erfreute sich die XT Ténéré, die allerdings nur einen Zylinder aufwies, enormer Beliebtheit.

Mit diesen alten Zeiten haben die heute so verbreiteten Reiseenduros nicht mehr viel gemein. Hatte die alte Africa Twin wie die R 80 G/S noch 50 PS, mobilisiert ihre Wiedergängerin CRF 1000 L schon 95 PS, die BMW R 1200 GS schafft 125 PS, KTMs Super Adventure 1290 steht mit 160 PS prall im Futter. Da wünscht sich manch einer die überschaubaren 192 Kilogramm der Ur-G/S zurück, wenn er seine 244 Kilogramm schwere R 1200 GS aus der Garage rangiert.

Für harte Kerle

22

Sportenduros und Motocrosser

Von der ursprünglichen Idee des offroadtauglichen Alleskönners ist bei den Sportenduros und Motocrossern nichts mehr übrig geblieben. Sie sind Spezialisten fürs Grobe, dafür aber besonders fein austariert. Sie sind Freizeit-Sportgeräte, die keine Straßenzulassung besitzen und daher nur auf abgesperrtem Gelände bewegt werden dürfen. Zum Transport müssen sie auf dem Anhänger oder der Pickup-Ladefläche verzurrt werden. Gehen die Sportenduros noch mit etwas Goodwill als sportlich orientierte Geländemotorräder durch, so sind die Crosser mit extremen Fahrwerken samt schwindelerregenden Federwegen nur auf dafür vorgesehenen Pisten einsetzbar.

Erfolgreich in Amiland

Das gilt jedenfalls hierzulande. In den entlegenen Gebieten Südeuropas werden sie gern zu fröhlichen Ausfahrten in die Berge genutzt, doch der große Markt für Crosser und Sportenduros liegt auf der anderen Seite des Atlantiks: In Nordamerika brechen zum Wochenende regelmäßig Heerscharen von Pickups mit zwei oder drei Crossern beladen in die abgelegenen Gebiete der weitläufigen Staaten auf, um sich nach Herzenslust querfeldein zu vergnügen. Wohl dem, der so viel Platz und wüste Gegenden vor der Haustür findet, in denen sich niemand am Zweitaktgeplärre oder am Viertaktbollern, an tiefen Furchen im Sand oder aufspritzenden Geröllbrocken stört.

Motocross auf abgesperrtem Gelände ist für Jugendliche attraktiv.

23 Geheimsprache

Bagger, Bobber, Cruiser oder was?

Über die Notwendigkeit von Anglizismen im normalen Sprachgebrauch lässt sich vortrefflich streiten. Aus dem Motorradkosmos sind sie jedoch nicht wegzudenken, da mit einem markanten Begriff eine ganze Gattung gleichartig ausgerüsteter Motorräder treffend charakterisiert wird – wer sich mit Zweiradfreaks unterhält, sollte deren spezielle Sprache beherrschen.

Darüber hinaus handelt es sich bei diesen sprachlichen Orientierungshilfen in der Regel nicht um nachträglich entwickelte Kunstbegriffe, sondern um Begriffe, die viel mit der Entstehung und dem besonderen Einsatzzweck eines bestimmten Typus Motorrad zu tun haben. Oftmals steht eine besondere Gattung auch für den gesellschaftlichen Wandel als materiegewordener Ausdruck für Freiheit und Selbstbestimmtheit, etwa der Café Racer, oder sie kombiniert existierende Eigenschaften in einer ungewohnten Art und Weise, wie der Bagger als Mischung aus Cruiser und Tourer.

Nachgemacht, nicht echt

Die Archetypen dieser speziellen Motorräder haben sich durch die Innovationskraft und das handwerkliche Geschick einzelner entwickelt, die schnöde Serienmodelle einsatzgemäß verfeinerten. Was damals in teils mühevoller Kleinarbeit entstanden ist, dient heutzutage den Werken als Blaupause für mehr oder weniger gelungene Serienmodelle, die sich durch die Verknüpfung mit den traditionellen Vorgaben und der anregenden Historie einfach besser verkaufen lassen. Allerdings können die neuzeitlichen Entwickler diesen Vorbildern nur hinterher hecheln, denn natürlich müssen die Motorräder von heute auch den derzeit gültigen Zulassungsbestimmungen genügen – die klassische Orientierung beschränkt sich daher zumeist auf den Schein, das Sein wird vom kostendämpfenden Baukasten und StVZO-konformer Ausstattung bestimmt.

Dabei sollte man nicht unterschlagen, dass die Umbauten der Historie selbst die damals gültigen, vergleichsweise niedrigen Standards oftmals nicht erfüllten.

Richtig fachsimpeln ist eine Kunst.

Gelände ja, aber ...

Der Scrambler

24

Scrambler sind die Ahnen der Enduros. Scrambler (zu Deutsch: Kletterer) waren in den 1950er- und 1960er-Jahren eine im englischsprachigen Raum weit verbreitete Motorrad-Kategorie. Zum geländegängigen Scrambler mutierten herkömmliche Straßenmotorräder durch den Abbau alles nicht Notwendigen, stattdessen wurden grobstollige Reifen montiert, ein breiter Lenker angebaut, die Radabdeckungen höher gelegt und die Auspuffanlagen markant hoch geschwungen, um ein wenig mehr Bodenfreiheit zu gewinnen. Mit solcherart geländetauglich und robust gemachten Motorrädern wurden in den kalifornischen Wüsten und im walisischen Hinterland Gelände-Wettbewerbe ausgetragen, bei denen neben dem Wettkampf das Vergnügen im Vordergrund stand. Leinwandstar Steve McQueen ließ es sich nicht nehmen, regelmäßig an diesen Rennen im kalifornischen Outback teilzunehmen.

Von der Straße ins Gelände

Die zumeist als eine Mischung aus langsamen und schnellen Geländepassagen angelegten Wettfahrten lassen sich mit den heutigen Motocross-Veranstaltungen nicht vergleichen, dafür waren die Scrambler konstruktiv viel zu nah an den Straßenmaschinen. Während die ersten Modelle zunächst in mühevoller Heimarbeit zusammengebastelt wurden, gab es seit den 1960er-Jahren auch Scrambler ab Werk zu kaufen – Honda, Triumph und Ducati hatten den Trend erkannt. Die kompromissbehafteten Scrambler wurden ab den frühen 1970ern von den stärker spezialisierten und im Gelände besser geeigneten Enduros abgelöst. Danach verschwanden Scrambler in der Versenkung, bis die aktuelle Retrowelle den Blick auf diese längst vergangene Epoche wieder freispülte. Heutzutage hat fast jeder Hersteller einen Scrambler im Programm, der sich der klassischen Insignien – hochgelegter Auspuff, knubbelige Reifen und breite Lenkstange – erfreut.

Norton Commando 750 S wie Scrambler

Für die große Weite

25

Der Cruiser

Wieder eine Wortschöpfung aus dem amerikanischen Sprachraum, bei der sich das Substantiv vom Verb ableitet: „to cruise“ steht für herumfahren, ganz modern auch für „Kreuzfahrt“. Unter Cruiser versteht man die tourentaugliche Variante der in den USA beliebten Dickschiffe, nicht zu verwechseln mit den europäischen Vollverkleidungs-Tourern. Cruiser weisen die typischen Stilmerkmale US-amerikanischer Modelle auf, wie sie seit den 1930er-Jahren bekannt sind: langer Radstand, breite Reifen, großvolumiger Motor, ausladende Kotflügel, breiter Lenker sowie relativ weit vorn angebrachte Trittbretter und eine daraus resultierende aufrechte Sitzposition – aber keine nennenswerte Verkleidung. Erste Vertreter dieser Motorrad-Kategorie waren Harley-Davidson, Indian und Henderson.

Relaxen mit Stil

Zu einem Cruiser gehört typischerweise ein großvolumiger Antrieb, der sich konstruktiv durch ein sattes Drehmoment im unteren Drehzahlbereich auszeichnet und dadurch die Fahrweise vorgibt, die der Gattung den Namen verleiht: ruhiges, entspanntes Dahingleiten, das bei Bedarf einem kraftvollen Durchzug weicht – Cruisen eben. Mittlerweile gibt es den Cruiser auch mit typischem Touren-Zubehör wie Windschutzscheiben, Packtaschen, Zusatzscheinwerfern und Sturzbügeln.

Während die klassischen amerikanischen Cruiser mit einem großvolumigen, langhubigen Vau-Zwo-Motor versehen sind und hier praktisch keine Konkurrenz zu fürchten haben, setzen die anderen Hersteller auf eine noch kraftvollere Variante: den Power-Cruiser. Dieser erlaubt natürlich auch das genussvolle Dahingleiten, seine Stärke ist aber der mächtige Antritt aus dem Drehzahlkeller. Typische Vertreter dieser gewaltigen Gattung sind die Honda F6C mit dem Sechszylinder-Boxermotor aus der Gold Wing, Ducatis Diavel mit all ihren Unterarten und die Triumph Rocket III, deren Dreizylinder aus beeindruckenden 2,3 Liter Hubraum schöpft.

Cruisen geht gut mit Zahnriemen.

Die neue Welle

26 Roadster und Naked Bikes

In jüngster Zeit haben sich die Motorradfahrer in einer Art Rückschritt wieder auf das besonnen, was das Motorradfahren einmal ausgemacht hat: Sich den Wind um die Nase wehen lassen, in klassischer Haltung, ungestört von Hightech, Tempomat, Navi und Kofferset. Ein wachsender Teil der Motorradgemeinde hat das Wettrüsten satt und ist vom immer weiter um sich greifenden Elektronikwahn mit Assistenzsystemen gelangweilt.

Technik zum Anschauen

Klar, dass diese Anwandlungen nicht unbemerkt von der Motorradindustrie geblieben sind, und logisch, dass diese mit entsprechenden Modellen den Trend bedienen. Ganz weit vorn finden sich wie anno dunnemals Motorräder ohne Verkleidung, die ihre gesamte Technik dem Betrachter stolz zur Schau stellen – ganz modern unter dem Oberbegriff Naked Bikes zusammengefasst. Allerdings machen die aktuellen Zulassungshürden bei den Hüllenlosen gerade den luftgekühlten Klassikern im Erscheinungsbild der 1980er-Jahre mit ihren fein verrippten Motoren das

Mit der Monster von 1992 hat Ducati den Ur-Roadster erfunden.

Leben schwer – der einzige aktuell noch angebotene großvolumige Reihenvierzylinder mit Feinripp ist Hondas CB 1100, alle anderen japanischen Big Four hat die Euro 4 in den Gebrauchtmarkt verbannt.

Drillings-Roadster von Triumph

Sportlich ist in

Alternativ zu den Klassikern kommen Roadster, eine sportive Unterart der Naked Bikes, immer mehr in Mode. Diese ebenfalls weitgehend unverkleideten Bikes sind moderner gestaltet und strahlen eine mehr oder minder ausgeprägte sportliche Note aus. Roadster gibt es in allen Hubraum- und Leistungsvarianten, mit Ein-, Zwei-, Drei- und Vierzylindermotoren, von 250 bis 1.300 cm^3 und einer Leistungsbandbreite von 34 bis zu satten 160 PS. Letztere gingen auch als unverkleidete Supersportler durch, nur der aufrechte Oberkörper erinnert an das „ursprüngliche Fahrgefühl“, das ab Tempo 150 eher als Festklammern am Lenker denn Genießen der Fortbewegung zu bezeichnen ist.

In der Geschichte hat es aber auch immer wieder Motorräder gegeben, die den Namen „Roadster“ explizit in ihrer Bezeichnung trugen. Doch irgendwie war der Zusatz nicht sonderlich verkaufsfördernd, von der Norton Commando 750 Roadster von 1970 über die Cagiva Roadster 125 ab 1994, die Sachs Roadster 800 (2000–2004) und die Voxan Roadster 1000 bis zur Horex VR6 Roadster waren sie allesamt keine Verkaufsrenner.

Echt anziehend

Doch nicht nur die Motorradhersteller freuen sich über das wiedererwachte Interesse am Roadster als Sinnbild für die Sehnsucht nach dem puren Fahrzeug mit überschaubarer Technik und einem Charakter wie früher. Auch die Bekleidungsindustrie feiert den neuen Stil, bei dem statt allumfänglicher Sicherheitsausrüstung und Klapphelmen nun Halbschalenhelme, Lederjacken und Jeans den Ton angeben. Und weil das Ganze so gut ankommt, gibt es für die Puristen-Fans seit 2015 sogar ein eigenes Magazin, das selbstverständlich auch einen aufs Wesentliche reduzierten Namen trägt: Roadster.

Orange County

Der Chopper

27

Schon bei der bloßen Erwähnung der Bezeichnung kommt den Älteren von uns nur ein Bild in den Sinn: Peter Fonda, wie er als Captain America im legendären Hollywood-Streifen „Easy Rider" auf seiner Harley durch die unendlichen Weiten des Kontinents streift. Spätestens seit der Film 1969 in die Kinos kam, werden Motorräder mit einer langen, flach angestellten Vorderradgabel bei uns als Chopper bezeichnet.

Die ursprüngliche Bedeutung war jedoch ein wenig anders: Im progressiven Kalifornien der Nachkriegszeit wurden stark modifizierte Motorräder als Chopper bezeichnet – ausgehend vom englischen Verb „to chop", das „(ab)hacken" bedeutet. Dabei wurden die Fahrzeuge in einer Art Cutdown-Praxis von allem Überflüssigen befreit, um sie handlicher zu machen und besser aussehen zu lassen. Diese Cutdowns waren handmade, also vom Besitzer eigenhändig ausgeführt, um alte, preiswerte Gurken zu ansehnlichen, besser manövrierbaren Unikaten zu machen.

Lang ist stabil

Erst in der Folgezeit entwickelte sich der traditionelle Typus des Choppers, wie er seit 1969 in unseren Köpfen tief verankert ist: Neben der Langgabel zählen hohe Lenker wie „Buckhorn" oder „Apehanger" sowie weit vorn angebrachte Fußrasten zu den klassischen Chopper-Stilmerkmalen. Ironie des Schicksals: Die langen Gabeln sollten eigentlich das Fahrverhalten verbessern, denn sie stammen aus dem Rennsport, wo sie bei Drag Bikes für einen stabilen Geradeauslauf bei hohen Geschwindigkeiten sorgen. Motorräder dagegen fahren auch schon mal um Kurven, und da machen der lange Radstand und die extreme Lenkgeometrie den Chopper

Kein Easy Rider von Harley

Die vier Motorräder, die für den Kultstreifen Easy Rider 1969 umgebaut wurden, sind zwar Harley-Davidsons, doch das Unternehmen in Milwaukee war nicht bereit gewesen, die Produktion im Rahmen von Product Placement mit Bikes zu unterstützen. Also musste Peter Fonda vier gebrauchte Polizeimotorräder auf einer Auktion ersteigern.

Chopper sind grundsätzlich aufsehenerregende Kreationen.

unglaublich unhandlich, unpräzise und schwierig zu fahren. Solange es auf Highways wie der Route 66 immer nur geradeaus geht, ist das kein Problem. Doch im guten alten Europa artet die erwünschte Optik in ein mangelhaftes Fahrverhalten aus, das Zweiradkennern den Spaß am Motorradfahren vergällt. Trotzdem sind solche Umbauten immer noch sehr häufig anzutreffen und werden – auf dem Messestand – von großen „Aahs“ und Ohhs“ begleitet.

Billig und umgebaut

Noch ein kleiner klärender Hinweis auf die Wurzeln der Chopper: Die ersten kalifornischen Umbauten basierten nicht nur auf den Ami-Marken Harley oder Indian, die amerikanische Subkultur bediente sich genauso europäischer und japanischer Motorräder, weil diese oftmals günstiger zu haben waren. Ebenfalls kaum zu glauben: Die Firma Harley-Davidson lehnte derlei radikale Umbauten zu dieser Zeit rundweg ab, weil sie nicht zum Markenimage passten und weil sie mit kriminellen und gewaltbereiten Rockergangs in Verbindung gebracht wurden. Erst als die Chopper immer stärker nachgefragt wurden, begann Harley-Davidson, Chopper-Stilelemente in die Serienmodelle einfließen zu lassen – ab 1984 imitierte Milwaukee mit der Softail einen ungefederten Starrrahmen, ab 1988 kam die seit 1948 durch die Teleskopgabel eigentlich abgelöste Springergabel wieder zu Ehren. Was die Fahreigenschaften, siehe oben, nicht wirklich weiterentwickelte.

Ohne Aushub

28 Der Bagger

Und wieder grüßt das Murmeltier, oder: Wer hat's erfunden? Die Amerikaner. Der Ausdruck Bagger stammt von „bag" für Koffer, bedeutet in der Ableitung von Cruiser und Chopper aber mehr Eigenständigkeit, als man auf den ersten Blick vermutet. Na gut, irgendwann waren es die Fahrer von Choppern und Cruisern vermutlich leid, ihr Gepäck in wenig stilechte Packtaschen zwingen zu müssen, die eventuell noch nicht einmal wasserdicht waren. Die Lösung kam aus der Customizing-Ecke: Für Kamm, Bürste, Schlafsack und Kulturbeutel entwickelten die Burschen stilechte große Koffer, integriert, wasserdicht und so gestaltet, dass sie dem Motorrad eine ganz eigene neue Linienführung gaben – Bagger sind vorne hoch und hinten flach, mit ihrer langgestreckten Silhouette erinnern sie an zum Sprung bereite Raubkatzen, allerdings gut genährt.

Wahre Größe kommt von vorn

Um diesen typischen Auftritt noch zu betonen, kommen Bagger hinten mit kürzeren Federbeinen und rollen vorn auf unüblich großen Rädern: 21 Zoll ist das Mindeste, 23-Zoll-Felgen vorn sind keine Seltenheit mehr, mitunter werden auch 26 Zoll große Räder verbaut. Dazu zeigt der stilechte Bagger der Moderne vorne eine halbhohe Scheibe, die zusammen mit einer nicht allzu üppig ausfallenden Verkleidung die Touring-Qualitäten verbessert, frei nach dem Motto: Ich hab Wechselklamotten und Hausschuhe an Bord und genieße den Fahrtwind trotzdem. Nach Harley, Indian, Honda und Moto Guzzi kommt auch BMW mit einem Bagger, der K 1600 B.

Bagger aus der Zukunft: Victory Vision Tour

29

Modefrisur

Der Bobber

Bagger und Bobber klingen zwar ähnlich und kommen beide aus Amiland, aber das war's auch schon – der Bobber entwickelte sich im boomenden Nachkriegs-Amerika und dort besonders im aufgeschlossenen Kalifornien, wo die Umbauszene seit jeher die kreativsten Köpfe hervorbringt. Im Amerika der Nachkriegsjahre wurde die Aufbruchstimmung nicht nur durch Rock 'n' Roll und Straßenkreuzer befeuert, auch die Motorradszene startete richtig durch. Wer etwas auf sich hielt, begann, alle unwichtigen Teile seines Bikes abzumontieren. Die daraus resultierende extrem reduzierte Optik machte nicht nur Schluss mit dem oft als schwülstig empfundenen Aussehen der Serienmotorräder, sondern verbesserte durch die Gewichtsersparnis auch die Siegchancen bei den beliebten Beschleunigungsrennen jener Zeit.

Salto für Fachchinesisch

Zur Erklärung des Begriffs Bobber muss man tief in den Harley-Kosmos einsteigen: „Bob" heißt die Außenlippe am unteren Ende des üppigen Vorderradschutzblechs alter Harley-Davidson-Modelle. Die amerikanischen Motorradfahrer der 1940er- und 50er-Jahre schraubten zuallererst dieses vordere Schutzblech ab, kappten es und montierten den Rest nach hinten gedreht über dem Hinterrad. Damit hatten diese Fahrzeuge den „bob" am Heck und sich den Namen Bobber redlich verdient. Gleichzeitig wurde der bis kurz hinter die Radnabe gekürzte Blechkotflügel auch als „bobbed" bezeichnet in Anlehnung an die Frauenkurzhaarfrisur Bob. Am Vorderrad wurde die Radabdeckung gleich weggelassen, der extrem puristische Auftritt gipfelte in einem knappen Einzelsitz, einer Starrrahmenaufhängung hinten und einem flachen, tief angebrachten Lenker – jedes Gramm zählte. Die intensiv getunten Motoren sollten aus dem Stand so schnell wie möglich beschleunigen. Diesen Stil haben die Briten von Triumph im optisch astrein gestylten Modell Bonneville Bobber wiederentdeckt.

Neuer Bobber von Triumph

Musikrennen

30

Café Racer

Eine der bedeutendsten gesellschaftlichen Entwicklungen schwappte mit der Kultur der Café Racer in den 1960er-Jahren aus England auf den Kontinent. Dabei ging es nur vordergründig um die Motorräder, vielmehr waren die Café Racer Sinnbild für eine Jugendkultur, die gegen das Althergebrachte aufbegehrte.

Bei den Motorrädern selbst handelte es sich allesamt um liebevoll umgebaute Einzelstücke, die nach dem Vorbild der damaligen Rennmaschinen wie beispielsweise der Norton Manx gestrippt und umgebaut wurden: Stummellenker, kleine Schutzbleche, Einzelsitzbänke mit Sitzhöckern, schnörkellose Tanks aus (poliertem) Leichtmetall und zurückverlegte Fußrasten waren die ursprünglichen Insignien, die aus einem stinknormalen Serienmotorrad einen Café Racer machten. Der große Einzelscheinwerfer musste bleiben, doch Rückspiegel brauchte niemand. Mit offenen Megaphon-Schalldämpfern und bis zum Gehtnichtmehr frisiert hatten sie nur eines im Sinn: möglichst schnell von einem Café zum nächsten zu rasen.

Subkultur als Auslöser

Das Auftauchen dieser Art Motorräder lässt sich nur mit einem Blick in den historischen Kontext erklären: Nach den entbehrungsreichen Nachkriegsjahren ging es der englischen Wirtschaft und damit der Bevölkerung besser und die arbeitende Jugend konnte sich als fahrbaren Untersatz Motorräder leisten. In den 1950er-Jahren bildete sich die Subkultur der Rocker, die die Motorräder als Möglichkeit sahen, aus der Enge ihrer bürgerlichen Umgebung zu fliehen. Die britischen Rocker waren in erster Linie motorradbegeisterte Jugendliche, die sich durch die charakteristische Kleidung in Lederjacken und Jeans sowie eine Vorliebe für Rock'n'Roll und Rockabilly auszeichneten. Mit den später in den 1970er-Jahren in Deutschland auftauchenden Rockern und den Motorradgangs hat die englische Subkultur nur wenig zu tun.

Die Rocker trafen sich in den Vorort-Cafés der großen Städte, wobei die Bezeichnung Café ebenfalls falsche Assoziationen weckt: In London und Umgebung waren die Cafés die Anlaufstellen der Lkw-Fahrer und der Jugendlichen, in denen man sich zwanglos treffen konnte, um etwas zu trinken und Musik zu hören – „vernünftige“ Leute waren hier eher nicht anzutreffen. Heute würde man diese Orte wohl eher als Kneipen oder Bar bezeichnen. Man traf sich im legendären Ace Cafe an der North Circular Road in London, im Chelsea Bridge Tea Stall, Ace of Spades, Busy Bee und Johnsons.

Nie wieder Langeweile

Wenn Jugendliche zusammenhängen, kommen sie auf die tollsten Ideen, um sich die Zeit zu vertreiben. Eine davon war das Café Racing: Eine klassische Strecke für das Rennen führte vom Ace Cafe zum nächsten Kreisverkehr und wieder zurück. Alsbald wurde der Begriff vom Record Race geprägt: Man warf eine Münze in die Jukebox, wählte eine Single aus und versuchte, diese Distanz zu überwinden, ehe die Single abgespielt war.

In den 1960er-Jahren waren natürlich ein- bis dreizylindrige englische Motorräder angesagt wie BSA, Norton oder Triumph. Später modifizierten die Rocker aber auch zahlreiche japanische Fabrikate wie die SR400, zumeist aus Kostengründen.

Schaut man sich heute einen echten Café Racer an, muss man den Hut ziehen vor dem Mut, mit dem sich die Boys damals ans Gas machten. Und vor dem Durchhaltevermögen, denn derart tief angebrachte Stummellenker und die harten Einzelsitze sind nichts für verwöhnte Figuren des 21. Jahrhunderts.

Tritons aus Triumph-Motor und Norton-Chassis waren typische Café Racer.

Voll im Trend

31

Customizing

Individualität ist Trumpf, Massenware out. Davon leben die sogenannten Customizer, die Umbauer, aber auch die Motorradhersteller mittlerweile ganz gut, denn jeder möchte sich gerne von der Masse abheben. Dieser Trend kommt – natürlich – aus den USA. Die frühen Custombikes entstanden in privaten Garagen, doch mit der steigenden Popularität gab es immer mehr Firmen, die sich auf den Bau dieser Motorräder spezialisierten.

Umbauwillig

Auf besonders fruchtbaren Boden fiel diese Idee in Kalifornien, wo niemand, der etwas auf sich hält, mit einem serienmäßigen Motorrad umherfährt – und das schon seit den 1950er-Jahren. Der Trend zur Individualisierung griff sehr schnell von der Chopper-Welt auf andere Zweirad-Segmente über, auch bei herkömmlichen Großserienmotorrädern sind größere Umbauten in Mode gekommen.

Während es für Harley-Davidson-Modelle schon lange eine umfassende Umbau-Industrie gibt, hat sich in den letzten Jahren eine Szene entwickelt, die sich auf spezielle Modelle oder Baureihen spezialisiert. Von den vielen Custom-Schmieden gibt es Ideen für komplette Scrambler- oder Café-Racer-Umbauten, aber auch Zubehörteile, die einzeln geordert und in der heimischen Garage im Plug-and-play-Verfahren angebaut werden können. Diese zusätzliche Geschäftsmöglichkeit hat Harley-Davidson frühzeitig erkannt und das Heft selbst in die Hand genommen: Der Parts&Accessories-Katalog ist dicker als das Telefonbuch von New York und trägt fast die Hälfte zum Gesamtumsatz bei! Andere Hersteller haben nachgezogen und bieten individualisierende Zubehörteile ebenfalls ab Werk an. Richtig individuell ist anders, denn der Nachbar kann ja die gleichen Teile anbauen.

Kreatives vom Customizer

32

Nimm drei

Gespanne

Der normale Motorradfahrer beäugt ein Motorradgespann, auch Motorrad mit Beiwagen genannt, mit einem gewissen Argwohn – warum macht der sich so breit wie ein Auto, hat aber kein Dach über dem Kopf und muss sich durch die Kurven quälen?

Dreirädrige Allzweckwunder

Die Faszination eines Dreirades erschließt sich dem Zweiradfahrer der heutigen Zeit kaum. Dabei war das Motorradgespann in wirtschaftlichen Notzeiten das „Auto des kleinen Mannes". In den 1920er- und 1930er-Jahren hatten die Gespanne ihre Blütezeit, der Beiwagen war aus dem Verkehrsgeschehen nicht mehr wegzudenken. Weltweit gab es eine Vielzahl Motorrad- und Beiwagenhersteller. Die Nutzung der Dreiräder war fast unerschöpflich: Ob als Taxi, Handwerker- und Lastenfahrzeug oder nur zum Personentransport, das Gespann ermöglichte den Einstieg in die motorisierte Mobilität.

Besonders praktisch war der 1930 entwickelte Stoye-Kugelschnellverschluss, mit dem der Beiwagen – auch als „Seitenwagen" oder „Boot" bezeichnet – schnell gelöst und das Motorrad solo bewegt werden konnte. Eine Zahl verdeutlicht den Erfolg der Dreiräder: 1938 wurden in Deutschland rund 15.000 Seitenwagen ausgeliefert. Heute handelt es sich weitgehend um Liebhaberfahrzeuge.

Man muss sie einfach mögen, die unverwüstlichen Dreiräder.

Wer sich bindet

33 Motorradmarken und die Loyalität

Gefühle, Zuneigung, Treue – der Mensch lebt von, mit und für seine Emotionen. Und ein Bereich, der so emotional aufgeladen ist wie das Motorrad, sollte davon doch nur so überquellen. Schaut man in die Vergangenheit, war das tatsächlich so. In den 1980er-Jahren war man als Motorradfahrer Fan einer Marke, fuhr stolz mit dem Stimmgabel-Logo von Yamaha oder dem Honda-Flügel umher und hielt alle, die nicht der gleichen Marke die Stange hielten, für unwissende Ignoranten. Man pilgerte zu den Motorradrennen, hielt zusammen mit anderen Markengefährten die Fahnen hoch und jubelte dem „eigenen" Fahrer zu. Und das nächste Motorrad musste selbstredend wieder eine ... sein. Harley-Fahrer blieben unter ihresgleichen und vermischten sich nicht mit den anderen Bikern, etwas anderes als die großvolumigen Big Twins aus Milwaukee kam keinem eingefleischten Harley-Mann in den Sinn. Andererseits: Wer einmal den Zweitaktduft der MZ inhaliert hatte, hielt der ostdeutschen Marke die Treue.

Austauschbar

Tja, das war einmal. In einer aufgeklärten Zweiradwelt leisten sich nur noch wenige Motorradenthusiasten eine bedingungslose Loyalität zu einer Marke. Das hat nicht zuletzt auch etwas damit zu tun, dass einzelne

Triumph-Fans zelebrieren Briten-Feeling.

Die BMW GS Trophy ist eine echte Herausforderung.

Hersteller sich von ihren Wurzeln entfernt haben und nicht mehr synonym für eine bestimmte Art Motorrad oder – noch eindeutiger – für eine Motorenbauart stehen. Scheinbar kann es sich kein großes Motorradunternehmen mehr leisten, nur in einem Segment tätig zu sein – Wachstum ist das allein selig machende Credo.

Kunden mit Events locken

Dafür versuchen viele Hersteller eine eventbezogene Kundenbindung, die über das übliche Motorradtreffen mit ein wenig Livemusik weit hinausgeht. Unter „Ducati4U" bieten beispielsweise die Italiener verschiedene Aktionen an. Gemäß dem sportlichen Flair der Marke sind natürlich Rennstreckentrainings dabei, bei denen sich nur Ducatisti mit ihren roten Rennern im Rund bewegen dürfen. BMW umgarnt seine vielköpfige GS-Gemeinde nicht nur mit Trainings auf speziellen Offroadgeländen, sondern organisiert quasi eine GS-Weltmeisterschaft für dreiköpfige Nationalteams, die GS Trophy – der große Aufwand schlägt sich in weltweiter Beachtung nieder.

Freie Orientierung

Dennoch bleibt die Loyalität der Kunden zusehends auf der Strecke – die ehemals großen Markenclubs schrumpfen immer mehr, beim Thema Markentreue und Neukauf geben sich die Motorradfahrer immer unabhängiger: Laut einer aktuellen Studie will nur noch die Hälfte der Befragten bei ihrer Marke bleiben. Ausnahmen bestätigen die Regel: Wer Harley-Davidson fährt, sieht sich am Ende seiner Zweiradkarriere angekommen und würde sich bei einem Neukauf nur noch für ein Milwaukee-Eisen entscheiden.

Aprilia

34

Hightech ohne Hintergrund

In der Zweiradbranche zählt Aprilia zu den jungen Unternehmen. 1968 gegründet, bauten die Italiener in Noale unweit Venedigs zunächst Fahrräder. Erst als der Sohn des damaligen Inhabers, Ivano Beggio, seine Leidenschaft als bekennender Motorradfan ausleben durfte, begann 1972 die Motor-Ära mit dem Bau von Kleinkrafträdern. Darauf folgten richtige Motorräder und der Einstieg in den Motorradrennsport, teils als Marketingstrategie, doch mehr noch, weil für Firmenboss Beggio der Motorradsport die Krönung seiner Arbeit darstellte.

1985 debütierte Aprilia in der 125er-Motorrad-Weltmeisterschaft, das war der Startschuss für eine unvergleichlich erfolgreiche Rennsport-Geschichte: 294 Siege in der Motorrad-Weltmeisterschaft, seit 1992 insgesamt 54 Weltmeistertitel, davon 20 in der 125er-Klasse, 18 in der 250er-Straßenweltmeisterschaft. Aus dieser Zeit stammt der Ruf von Aprilias Zweitaktern als „School of Champions“, denn viele der weltbesten Rennfahrer kamen auf einer Aprilia zu ihren ersten Erfolgen im Rennsport, unter ihnen Topfahrer wie Alessandro Gramigni, Max Biaggi, Loris Capirossi,

Aprilias Tuono ist eine nackte Kanone mit V4-Motor.

Aprilia baut waschechte Ableger der Superbikes.

Valentino Rossi, Jorge Lorenzo und Marco Melandri. Dazu holte Aprilia 2010, 2012 und 2014 sowohl die Fahrer-WM als auch den Konstrukteurs-Titel in der Superbike-Weltmeisterschaft nach Noale.

Größenwahn als Stolperstein

Abseits der Rennstrecke hegte Beggio den Traum vom größten Motorradhersteller Europas, deshalb verleibte er sich nacheinander die Traditionsmarken Laverda und Moto Guzzi ein. Doch an diesen Brocken und einigen schwerwiegenden Fehlentscheidungen – beispielhaft sei nur die Moto 6.5 von Star-Designer Philippe Starck genannt – verschluckte sich der Konzern. Trotz aller technologischen Kompetenz und richtungweisenden Entwicklungen wie der Direkteinspritzung für Zweitakter oder dem Zahnradantrieb der Nockenwellen musste Beggio sein Firmenkonglomerat 2004 an den Piaggio-Konzern veräußern.

Das war kein glücklicher Schritt, denn seitdem hakt es bei Aprilia in nahezu allen Bereichen – die Entwicklung neuer Motorräder explizit ausgenommen. Aus der Entwicklungsabteilung in Noale kommen so tolle Motorräder wie die fantastische Tuono oder der V4-Supersportler RSV, doch der Rest des Unternehmens vom Vertrieb übers Marketing und die Händlerschaft bis hin zum Ersatzteilwesen hinkt dieser außerordentlichen Qualität weit hinterher.

BMW

35

Nach oben geboxt

Dass die Anfänge von BMW auf Flugmaschinen zurückgehen, sieht man auch heute noch am BMW Emblem, das einen blau-weißen Propeller symbolisiert. Ursprung waren zwei Unternehmen: Am 7. März 1916 gehen aus der Flugmaschinenfabrik von Gustav Otto die Bayerische Flugzeug-Werke AG (BFW) hervor, aus den Rapp Motorenwerken – beide in München beheimatet – entstand 1917 die Bayerische Motoren Werke GmbH, 1918 in eine AG umgewandelt. Zunächst war das jedoch keine Erfolgsgeschichte. Erst wurde das Unternehmen BMW AG 1920 an die Knorr-Bremsen AG verkauft. 1922 erwarb der Finanzier Camillo Castiglioni den Motorenbau, den Firmennamen sowie das Markenzeichen und übertrug alles auf die „Bayerischen Flugzeug-Werke AG“ (BFW) – deshalb wird das Gründungsdatum der BFW allgemein als das Gründungsjahr der Bayerischen Motoren Werke angesehen. Im selben Jahr zog die Firma in die Werkshallen der BFW am Münchener Oberwiesenfeld, wo das Stammwerk und die Konzernzentrale der BMW Group bis heute stehen.

Die BMW R 90 S gilt als erstes echtes Sportmotorrad mit Boxermotor.

Das erste Motorrad

Das erste BMW-Motorrad stand am 28. September 1923 auf der Berliner Automobilausstellung und schlug ein wie eine Bombe: Die R 32 zeigte schon damals das bis heute gültige Grundkonzept mit längs eingebautem Boxermotor und Wellenantrieb zum Hinterrad. 1925 folgte mit der R 39 das erste Einzylindermodell und es ging bis zum Zweiten Weltkrieg aufwärts, nicht zuletzt dank der Sporterfolge durch Georg „Schorsch" Meier und Ernst Henne, der 1937 den Geschwindigkeitsweltrekord auf 280,155 km/h schraubte.

Nach 1945 profitierte BMW zunächst vom deutschen Wirtschaftswunder und übertraf bis Mitte der 1950er-Jahre alle Erwartungen. Danach verlor das Motorrad an Bedeutung, die Lage wurde kritisch, die Einzylinderfertigung endete 1966. Drei Jahre später dann die Zäsur: Die komplette Motorradfertigung wurde nach Berlin-Spandau verlagert, wo BMW von der staatlichen Unterstützung wegen der Insellage profitierte. Gleichzeitig kam die /5-Baureihe auf den Markt und verhalf der 1976 gegründeten BMW Motorrad AG zu mehr Spielraum für technologische Entwicklungen, die tatsächlich auch folgten: Die R 100 RS war das erste im Windkanal entwickelte Motorrad, die K-Baureihe mit Drei- und Vierzylindern entstand, 1988 führte BMW das erste serienmäßige ABS ein, 1991 den ersten geregelten Dreiwege-Katalysator. Dennoch haftete den Bayern und ihrem Boxermotor der Mief von Biederkeit und Langeweile an, daran konnte auch die aufsehenerregende K1 mit Rundum-Vollverkleidung von 1988 zunächst nichts ändern.

In viele Richtungen geschaut

Auf anderem Gebiet wurde BMW aber zum Vorreiter: Die 1980 vorgestellte R 80 G/S begründete das heute so erfolgreiche Segment der Reiseenduros – und den Erfolg von BMW Motorrad. Die GS-Baureihe ist bis heute die Cash Cow, die R 1200 GS avanciert in schöner Regelmäßigkeit zum Topseller in nahezu allen westlichen Märkten.

Vor der GS verblasst der Rest des Modellprogramms, dennoch versuchte BMW mit Macht den Einstieg in andere Segmente – während der Supersportler S 1000 RR vergleichsweise gut ankam, dümpeln die Roller-Ideen eher vor sich hin. Mit der seit 2014 aufgelegten Heritage-Baureihe mit klassisch gestylten Modellen haben die Münchener jedoch ins Schwarze getroffen. Ab 2018 startet BMW einen weiteren Versuch, mit einem amerikanischen Modell in den USA zu landen, der K 1600 B, einem Bagger mit Sechszylindermotor.

Buell

36

Eriks rollendes Versuchslabor

Totgesagte leben bekanntlich am längsten. Doch für die eigenwilligen Sportmotorräder von Erik Buell ist die Zeit nach verschiedenen Versuchen endgültig abgelaufen. Aber der Reihe nach: Erik Buell war ein passionierter Motorrad-Rennfahrer, der seine Brötchen als Entwicklungsingenieur bei Harley-Davidson verdiente. Er träumte immer schon von sportlicheren Modellen als den typischen Big Twins, deshalb gründete er 1983 in East Troy, Wisconsin, fast in Rufweite von Harley, seinen kleinen, aber feinen Betrieb für sportliche Motorräder – als Antrieb nutzte er die Harley-Motoren. 1993 stieg die Harley-Davidson Motor Company in den Kleinbetrieb ein, aus dem die Buell Motorcycle Company wurde. Seit Februar 1998 hielt Harley-Davidson mit 98 Prozent die Mehrheit der Firmenanteile, bevor 2003 auch die bei Erik Buell verbliebenen zwei Prozent gekauft wurden.

Eigenwillig und exotisch

Mit der Finanzkraft des großen Konzerns im Rücken ließen die Harley-Manager den Buell-Frontmann seine verwegenen Kreationen weiterentwickeln – Buell-Motorräder sind aufgrund ihrer ungewöhnlichen Konstruktion und des höchst eigenständigen Designs schon immer Hingucker gewesen. Individualität und Nonkonformismus waren ein Alleinstellungsmerkmal von Buell-Motorrädern. Das lag an den drei von Erik Buell bis zum Letzten verfochtenen Konstruktionsprinzipien: Zentralisierung der Massen, Stabilisierung des Fahrwerks und Minimierung der ungefederten Massen.

Diese Ziele sind nichts Ungewöhnliches, wohl aber die Buellschen Lösungen dafür: Der dominant ins Bild gesetzte Multifunktionsrahmen fungiert gleichzeitig als Tank, die mächtige Aluschwinge führt nicht nur das Hinterrad, sondern integriert auch den Öltank der Trockensumpfschmierung und bei der ZTL-Bremse im Vorderrad ist die mächtige Bremsscheibe außen an der Felge und nicht an der Nabe fixiert, ein knackiger Sechskolben-Festsattel beißt hier zu. Damit der großvolumige, antike 45°-Stoßstangen-Vau-Zwo aus dem Harley-Davidson-Regal keine good vibrations mehr absondert, verbindet Buell ihn über das ausgeklügelte „Uniplanar“-System aus Streben und Gummilagern und integriert ihn zugleich als mittragendes Element in den Brückenrahmen.

Hüllenlos offenbart sich Buells konstruktive Eigenwilligkeit.

Immer wieder da

Erik Buell war als Chairman und Entwicklungschef bis zum 15. Oktober 2009 tätig, dann stellte Harley-Davidson die zum Konzern gehörende Marke Buell ein. Das letzte Buell-Bike lief im Dezember 2009 vom kleinen Band.

Damit war jedoch noch lange nicht Schluss: Mit viel Mühe gründete Erik Buell die Firma Erik Buell Racing EBR, die reine Rennmotorräder auf Basis der Buell 1125R produzierte und Rennsportzubehör für die alten XB- und 1125-Modelle. Am 1. Juli 2013 kaufte sich der indische Hersteller Hero MotoCorp mit 49,2 Prozent für geschätzt 25 Millionen Dollar ein. Als sich der indische Partner Hero wieder zurückzog, war die Insolvenz 2015 nicht mehr zu verhindern. Doch das Stehaufmännchen Buell gab wieder nicht auf, fand wieder neue Investoren und stellte 2016 eine neue Sportmotorradproduktion auf die Beine, nur für den US-Markt. Jetzt aber scheint auch dieser Traum ausgeträumt, und die Tore von EBR in East Troy sind endgültig geschlossen.

Ducati

37 Die rote Diva aus Bologna

Schon 1926 von Adriano und Marcello Ducati in Bologna gegründet, produzierte das ursprüngliche Unternehmen Bauteile für Radios. Erst nach dem Zweiten Weltkrieg verlegte sich Ducati auf den Bau kleiner Hilfsmotoren für Fahrräder, wenig später erschien das erste Ducati-eigene 50-m³-Viertakt-Moped, die legendäre „Cucciolo". Mit Fabio Taglioni als technischem Leiter und Chefkonstrukteur startete 1954 die echte Motorradentwicklung. 1956 konstruierte er zum Einstieg Ducatis in die Grand-Prix-Szene einen Einzylindermotor mit desmodromischer Ventilsteuerung für das 125er-Bike, mit dem Werksfahrer Degli Antoni gleich das erste Rennen gewinnen konnte.

Zwanghaft gesteuert

Bei der Desmodromik werden die Ein- und Auslassventile eines Viertaktmotors kontrolliert gesteuert, die Nockenwelle öffnet die Ventile über Kipphebel wie üblich, schließt sie über einen weiteren aber zwangsweise wieder. Die untrennbar mit dem Namen Ducati verbundene Desmodromik, auch Zwangssteuerung genannt, ist aufwendiger und teurer in der

Für viele ist die Ducati 916 das schönste Motorrad überhaupt.

Herstellung, aber besonders präzise und hochdrehzahlfest, dazu sind die Reibungsverluste deutlich geringer.

Ducati setzte das Desmo-Prinzip weiter erfolgreich im Rennsport ein, doch erst 1968 wurde das erste Ducati Desmo-Straßenmotorrad in Serie gefertigt: die 350 cm^3 Mark 3D. Mit der Ducati 750 GT begann 1970 die Ära der V-Zweizylinder mit 90°-Zylinderwinkel, von Ducati wegen der nach vorn geneigten Zylinder, „L-Twin" genannt. Zwei Jahre später hatte Taglioni aus der GT einen waschechten Renner mit desmodromischer Ventilsteuerung speziell für das 200-Meilen-Rennen von Imola entwickelt, die 750 SuperSport, die unter den Werksfahrern Paul Smart und Bruno Spaggiari der Konkurrenz keine Chance ließ. Angespornt von diesem Erfolg konzentrierte sich Ducati auf die V2-Motoren, die es bald von 500 bis 900 cm^3 gab, und stellte 1974 die Produktion der populären Einzylinder-Modelle ein. Die Ablösung der Königswellen als Nockenwellenantrieb durch den Zahnriemen begann 1977 mit der Ducati Pantah.

Technisch toll

Trotz großer Rennerfolge – unter anderem 1978 mit Mike Hailwood auf einer 900 SS auf der Isle of Man – geriet Ducati in wirtschaftliche Turbulenzen. 1979 wurde das Werk dem staatlichen VM-Konzern eingegliedert, 1983 schloss man einen Kooperations-Vertrag mit der Cagiva-Gruppe der Gebrüder Castiglioni, 1985 übernahmen diese die Verantwortung in Bologna ganz. Kurz danach begann eine Motorradblütezeit mit echten Klassikern für Ducati: 1987 kam die wassergekühlte 851 mit Vierventil-Technik und Einspritzanlage als echtes Superbike, 1992 betrat die Monster 900 die Szene und begründete das Segment der sportlichen Naked Bikes, und 1994 kam das für viele schönste Motorrad aller Zeiten: die 916.

Viele Eigentümer

Erfolgsgaranten waren sie alle nicht: Der Cagiva-Gruppe ging 1996 das Geld aus und die Mehrheit wurde an die amerikanische Investmentgruppe Texas Pacific Group (TPG) verkauft, 1998 ging Ducati ganz zur TPG, die den Hersteller wieder auf gesunde Beine stellten. 2005 übernahm die italienische Investindustrial Gesellschaft die Anteile von TPG, Ende 2011 kündigte Ducati zunächst eine Zusammenarbeit mit Mercedes-AMG an, bevor am 18. April 2012 bekannt wurde, dass die Audi AG 100 Prozent der Anteile der Ducati Motor Holding S.p.A. übernehmen werde. Doch das ist noch nicht das Ende der Geschichte – aktuell halten sich Gerüchte, dass Audi nach einem Käufer für das profitable Unternehmen sucht.

Royal Enfield

38

Unzerstörbar und erfolgreich

Was für eine Geschichte: Royal Enfield wurde 1893 in Redditch/England als Hersteller für Präzisionsteile für Fahrräder und Waffen gegründet. Das erste Motorrad wurde in Redditch bereits 1901 gefertigt, ihm folgte 1902 ein Modell mit Vau-Zwo-Motor und 300 cm^3. Das Unternehmen entwickelte sich prächtig, nicht zuletzt wegen der lukrativen Kriegsaufträge. 1933 war dann das Geburtsjahr der legendären Bullet mit 250- und 350-cm^3-Einzylindern, die sich zum Kernmodell der Marke entwickelte, welches bis heute produziert wird.

Nach dem Zweiten Weltkrieg brachte Enfield das Modell Bullet nach Indien, schon 1955 begann in Madras – heute Chennai – die Fertigung vor Ort. In England wurden weiterhin Paralleltwins gefertigt und weiterentwickelt: Als Krönung kam 1962 die Interceptor, ein 750-cm^3-Paralleltwin mit 52 PS.

Schluss im Königreich

Im Jahr 1970 endete die Enfield-Produktion in England, die Konkurrenz aus Japan und die eingebrochene Nachfrage auf dem Heimatmarkt machten dem legendären Namen den Garaus. Das unabhängige

Royal Enfields Bullet ist ein ewiger Dauerbrenner seit 1933.

Aufgereihte Klassiker – Enfields aktuelles Modellprogramm

Werk in Indien übernahm als „Enfield of India" einen Teil des Namens sowie die komplette Produktion und den Export. Die Bullet 350 erfreute sich in Indien steigender Beliebtheit, in den Export gingen die 500er-Typen.

Schon 1994 übernahm der heimische Industriekonzern Eicher Goodearth Ltd. die Firma Enfield India und gab ihr den Namen Royal Enfield Motors Limited. 1999 erwarb die Firma die Namensrechte an „Royal Enfield", sodass die Klassiker wie ihre Ahnen offiziell den Familiennamen „Royal Enfield" tragen und nicht mehr Enfield India genannt werden mussten. Dennoch dümpelte das Unternehmen vor sich hin, von anfänglich rund 35.000 Bullets pro Jahr blieben bald nur noch 20.000 Einheiten übrig. Erst 2009 kam der Wendepunkt mit verbesserten Fabrikationsanlagen, einem überarbeiteten Geschäftsmodell und moderneren Motoren. So steigerte Royal Enfield die Produktion rasant von 53.000 Einheiten im Jahr 2010 bis auf 130.000 Motorräder 2012.

Aufbruch in Indien

Rückgrat des anhaltenden Wachstums sind klassisch gestylte Modelle wie die Bullet, aber auch die Continental GT, die als Café Racer die Emotionen der vergangenen Tage wieder zu wecken scheint, als in Großbritannien die Motorrad-Hochzeit herrschte. Mutterkonzern Eicher sieht die Marke mit großem Potenzial: In Chennai entsteht gerade eine neue Fabrik, die den erwarteten Bedarf decken soll, parallel haben die Inder nahe Birmingham ein europäisches Entwicklungszentrum installiert, in dem das technische Knowhow – auch von europäischen Experten – gebündelt wird.

Harley-Davidson

Mehr als ein Motorrad

39

Harley-Davidson ist wohl der berühmteste Motorradhersteller der Welt – dabei verkauft das Unternehmen aus Milwaukee heute viel mehr als fahrbare Untersätze, wie einer der Markenslogans verdeutlicht: „Wir verkaufen einen Lebensstil – das Motorrad gibt es gratis dazu!“

William S. „Bill“ Harley und Arthur Davidson gründeten 1903 die Harley-Davidson Motor Co. in Milwaukee, Wisconsin (USA). Später kamen die Davidson-Brüder William A. und Walter Davidson hinzu – vier junge Amerikaner, die 1905 mit dem einzylindrigen Modell 1 ihr erstes Motorrad bauten. 1909 folgte mit dem „Modell 5 D“ die erste Harley mit einem 45°-V-Motor – dieser Winkel ist bis heute das Kennzeichen einer Harley. Die Ur-Ahnin schöpfte aus einem Hubraum von 820 cm^3 immerhin 7 PS.

Gutes Geschäft, schlechtes Geschäft

Ganz modern betrieben die vier Jungs die Kundenbindung: Als Bindeglied zum Harley-Fahrer brachten sie schon 1916 die Werkszeitschrift „The Enthusiast“ heraus, die es heute noch gibt. Nach dem Ersten Weltkrieg ging es steil bergauf und 1920 hatte der Hersteller aus Milwaukee rund 2.500 Mitarbeiter und verkaufte weltweit mit 28.980 Motorrädern mehr als jeder andere. So schnell es bergauf ging, so schnell ging es bergab: Mitte der 1920er-Jahre umfasste die Belegschaft nur noch 1.000 Mitarbeiter, der Verkaufstiefstand war 1933 erreicht. Bis 1940 erholte sich das Motorradgeschäft, danach profitierte H.-D. vom Zweiten Weltkrieg: Das Verteidigungsministerium bestellte 88.000 Harleys. Nach dem Krieg gehörte eine dicke Milwaukee-Maschine in den USA zum guten Ton, 1957 ergänzte ein 883 cm^3 großer 45°-OHV-V-Twin mit modernem Fahrwerk das Programm: Die Sportster-Baureihe war geboren.

Das reichte aber nicht, denn Anfang der 1960er-Jahre schnappten die Japaner mit ihren kleinen flinken Bikes den Amerikanern die Marktanteile weg. Der Niedergang setzte sich immer weiter fort, bis Harley im Januar 1969 an den Mischkonzern AMF verkauft wurde. Damit begann eine unglückselige Zeit, die von schlechter Qualität, unzufriedenen Arbeitern und Streiks geprägt war, bis es im Juli 1981 unter Führung von Willie G. Davidson zum Management-buy-out kam. Die Übernahme der zunächst

Die erste Softail von 1984 kam nur scheinbar mit Starrrahmen.

brüsk abgelehnten Rolle als authentischer Chopper-Produzent half ebenso wie eine protektionistische Wirtschaftspolitik der Reagan-Administration, Harley-Davidson mit 200.000 verkauften Bikes im Jahr 2000 wieder richtig gut aussehen zu lassen.

Epochemachende Motoren

Tradition und Marketing gingen bei Harley schon immer eine Symbiose ein, bestens erkennbar an der Bezeichnung der Antriebe: Motoren sind Kopfsache, klar, aber bei Harley-Davidson tragen sie auch entsprechende Namen. Als erster Vertreter der typischen H.-D.-Motorengeneration kam 1929 der als Flathead bekannte V-Motor mit vier untenliegenden Nockenwellen und 1.200 cm^3 Hubraum. Ihm folgte ab 1936 der Knucklehead-Motor, dessen Zylinderköpfe an Fingerknöchel erinnerten – daher der Name. Ab 1948 sorgte der Panhead-Motor für Vortrieb, dem die verchromten, glattflächigen Deckel der Zylinderköpfe den Namen gaben. Wartungsfreie Hydrostößel sorgten für einen automatischen Ventilspielausgleich. Auch der Name der Shovelhead-Baureihe 1966 ging auf die Form der Zylinderkopf-Abdeckung zurück, die an die Unterseite einer typischen amerikanischen Kohlenschaufel erinnerte. Nicht der Bauform, sondern dem Fortschritt wird der Evolution-Motor ab 1984 gerecht: Der Leichtmetall-Antrieb polierte den Ruf Harleys durch seine Robustheit und Langlebigkeit endlich wieder auf. Hochmodern ist der seit 1999 verbaute Twin Cam-Engine, wie seine Vorläufer natürlich ein luftgekühltes 45°-Vau-Zwo-Aggregat, aber mit zwei untenliegenden Nockenwellen. Ihm steht seit 2002 der Revolution-Motor zur Seite, von Porsche entwickelt und mit Flüssigkeitskühlung und 60°-Zylinderwinkel auf Höchstleistung getrimmt – die erste Version hatte 115 PS Maximalleistung.

Honda

40 Die Stückzahl-Maschinerie

Honda ist der jüngste der vier großen Japaner. Firmengründer Soichiro Honda war die Fahrt zum Markt mit dem Fahrrad zu mühselig, also begann er 1946, in einem kleinen Schuppen Motoren in Fahrräder zu montieren. Das Geschäft mit den nachträglich motorisierten Fahrrädern lief so gut, dass er am 24. September 1948 die Honda Motor Company gründete – in einem 24 m^2 großen Schuppen in Hamamatsu.

Heute ist das Unternehmen der größte Motorrad- und Motorenhersteller der Welt. 2016 produzierte Honda mehr als 17,5 Millionen Motorräder weltweit. Seinen wohl einträglichsten Coup landete Soichiro Honda 1958 mit der C 100 Super Cub. Als Nachfolger der ebenfalls erfolgreichen Cub (= Cheap Urban Bike) war die C 100 vor allem anspruchslos, belastbar und als Lieferfahrzeug auch einhändig zu dirigieren. Die Kombination von rollertypischen Elementen wie freiem Durchstieg, Beinschutz und Automatikgetriebe mit fahrstabilen 17-Zoll-Rädern kam bestens an – in diversen Varianten verkaufte sich die Super Cub bis 2008 über 60 Millionen Mal, das ist weltweit einsame Spitze.

Zahllose bekannte Namen

Weitere Modell-Meilensteine waren die CB 750 Four von 1968 als erstes Großserienmotorrad mit Reihenvierzylindermotor, 67 PS stark. Die 1974 vorgestellte GL 1000 Gold Wing bekam 1987 einen Sechszylinder-Boxermotor und begründete damit das Segment der Luxustourer. 1978 brachte Honda die legendäre CBX 1000 mit Reihensechszylinder auf den Markt, die sportlichen Bol d'Or-Modelle waren Vorläufer der ab 1992 die Sportwelt mit dem Slogan „Total Control" aufmischenden CBR 900 RR Fireblade und noch vieler Modelle mehr. Weniger aufsehenerregend, aber nicht minder wichtig für die Firmenhistorie war die 1977 eingeführte CX 500 mit längs eingebautem Vau-Motor, die berühmte Güllepumpe, dazu noch Africa Twin, Transalp und, und, und – die Liste ist schier unendlich.

Der Firmengründer selbst setzte von Anfang an auf die Imagewerbung durch Motorsport, und seit den Siegen von Mike Hailwood bei der Tourist Trophy auf der Isle of Man 1961 war Honda immer ganz vorne mit dabei – beispielsweise holte Honda von 1994 bis 2003 ununterbrochen den Titel in der Grand-Prix-Königsklasse. Für Honda steht die MotoGP ganz oben an, wie die weiteren Titel von Nicky Hayden, Casey Stoner und Marc Marquez belegen.

Innovation als Tradition

Honda steht aber auch für eine Vielzahl technologischer Innovationen. Die Japaner brachten 1980 den Turbo in der CX 500 TC sowie das V4-Konzept beginnend mit der VF 1000 F. Sie entwickelten das erste Rennstrecken-ABS, das elektronisch kombinierte Bremssystem e-CBS und den ersten Airbag für Motorräder im Luxustourer Gold Wing. Die variable Ventilsteuerung VTEC und das Doppelkupplungsgetriebe DCT ab 2010 sind weitere Technologien, die nur Honda anbietet. Honda eilt in nahezu allen Bereichen der Ruf der Perfektion voraus. Doch nach jahrzehntelanger Faszination für das technisch Machbare sorgte ein neuer Zeitgeist in Europa kurz nach der Jahrtausendwende dafür, dass sich die Begeisterung ins Gegenteil verkehrte: Rundum geschliffene, handzahme Modelle ohne Ecken und Kanten wollte mit der längst vollzogenen Wandlung vom Alltagsgefährt zum Freizeitspaß keiner mehr. Honda bemühte sich, mit eigenständigen Modellen aus der emotionslosen Ecke auszubrechen. Das Crossover-Modell X-ADV oder das Retrobike CB 1100 waren erste emotionale Ideen, manchmal schossen die Japaner aber übers Ziel hinaus und schoben aberwitzige Kreationen wie die aufsehenerregende Vultus im Batmobil-Stil aus der Entwicklungsgarage.

Die CBX 1000 ist nur einer von vielen Honda-Meilensteinen.

Horex

41 Wundertüte

Nach dem Zweiten Weltkrieg hieß es: Wer von Horex redet, meint die Regina. Denn der kernige Single wurde in dieser Zeit zur meistverkauften 350er-Maschine überhaupt. Horex wurde 1923 von Fritz Kleemann in Bad Homburg vor der Höhe gegründet. Von 1935 bis Mitte der 1950er-Jahre firmierte das Unternehmen als Horex-Columbus-Werk K.G., danach als Horex-Werke KG. Der Markenname Horex besteht aus den ersten beiden Buchstaben der Stadt sowie dem Warenzeichen der elterlichen Rex-Konservenglasgesellschaft Bad Homburg. In den 1930er-Jahren überzeugten die Horex-Motorräder mit fortschrittlichen Ideen. Da war der Paralleltwin mit jeweils dreifach gelagerter Nocken- und Kurbelwelle von 1932. Oder der 350-cm^3-Viertaktmotor, Typenbezeichnung SB35, der seiner Zeit voraus war.

Illustre Namenswechsel

Doch im Wiederaufbau war die Zeit gegen das Zweirad, und 1956 wurde die Regina-Baureihe mangels Verkäufen eingestellt. Auch die neuen Resident- und Imperator-Baureihen gingen nicht mehr weg, sodass

Horex VR6, bildhübsch und eigenständig, aber erfolglos

Horex 1956 die Motorradproduktion wegen Absatzschwierigkeiten beendete. Im Oktober 1960 gingen die Horex-Werke an die Daimler-Benz AG, die sie dann auflöste. Es folgten diverse Intermezzos des Markennamens mit Friedel Münch, der die Rechte an den Zweiradimporteur Fritz Röth aus Hammelbach im Odenwald verkaufte. Röth gab den Namen an die Berliner „Bajaj-Motorfahrzeug-Vertriebsgesellschaft" weiter, die von 1990 bis 1998 Inhaber der Marke Horex war und unter dem Namen „MZ-B Horex" in Kleinserie Fahrzeuge mit den Namen „Regent" und „Imperator" anfertigte. Bis 2009 besaß die Hörmann-Rawema GmbH in Chemnitz die Markenrechte und fertigte und rekonstruierte historische Horex-Motorräder.

Komplizierte Technologie

Seit 2010 war die neu gegründete Horex GmbH in Augsburg im Besitz der Markenrechte und baute Motorräder unter dem alten Namen, aber mit einer neuen Motorentechnologie: Der erste VR6-Motor der Motorradhistorie tat in der neuen Horex Roadster seinen Dienst. Aber nicht allzu lange: Im August 2014 stellte Inhaber Clemens Neese einen Antrag auf Eröffnung eines Insolvenzverfahrens. Seit Januar 2015 versucht die 3C-Carbon Composite Company GmbH aus dem bayerischen Landsberg am Lech ein Revival der Horex mit der komplizierten VR6-Technologie – ein Sechszylinder-V-Motor, 1.218 cm^3, über 160 PS stark.

Puristischer Roadster mit Exklusivitätsgarantie

Husqvarna

42

Von Schweden über Italien nach Österreich

Die Unternehmensgeschichte begann 1903, sogar noch drei Monate vor Harley-Davidson, mit der Ausstattung eines Husqvarna-Fahrrades mit einem 1,5 PS starken Einzylindermotor. Husqvarna verweist in diesem Zusammenhang gerne darauf, dass man der älteste ununterbrochen produzierende Motorradhersteller der Welt sei – nach Royal Enfield. Bereits 1916 errang die schwedische Marke den ersten Sieg bei einem der bekanntesten Enduro-Rennen der damaligen Zeit, dem Novemberkåsan. Schon hier zeigte sich die Verbundenheit der Marke mit dem Geländesport, die bis heute zu mehr als 70 Weltmeistertiteln in den Disziplinen Motocross, Enduro und Supermoto führte.

Geholfen hat diese Tradition der einstigen schwedischen Firma in der Vergangenheit eher nicht, wie die sehr wechselvolle Geschichte beweist: 1979 fand eine Umstrukturierung im Unternehmen statt und der schwedische Mischkonzern Electrolux übernahm die Führung, was fast das Ende der Motorradproduktion bedeutet hätte. In den Jahren 1982 und 1983 begann man bei Husqvarna an einem Viertaktmotor zu arbeiten, bei dem auf ein Zweitakt-Grundgerüst ein Viertaktzylinderkopf aufgesetzt wurde, der mit Gesamtschmierung und Luftkühlung 1983 in Serie produziert wurde.

Umzug nach Italien

1986 folgte schließlich der Verkauf an die Cagiva-Group bzw. die Castiglioni-Brüder. Damit verbunden war der Wechsel der Produktionsstätte von Schweden nach Italien, nach Varese. Diese Verbindung einer legendären Marke mit einem angesehenen Hersteller brachte zunächst frischen Wind in die Entwicklung. So gab es nach 20 Jahren Zweitakt-Dominanz erste Erfolge im 500er Viertakt-Segment.

Doch auch unter der sportbegeisterten Führung ging es nicht so richtig vorwärts, finanzielle Engpässe der Mutter, der MV Agusta-Cagiva-Group, führten letztendlich zum abermaligen Verkauf der Marke: Am 1. Oktober 2007 stieg BMW bei den Offroad-Spezialisten ein. Die Münchener übernahmen Entwicklung, Vertrieb und Fertigung und bauten dafür ein komplett neues Werk mit Produktionsstraßen, modernem Verwaltungsgebäude, Design-, Entwicklungs- und Rennabteilung in unmittelbarer Nachbarschaft in Cassinetta di Biandronno.

Husqvarna hat die traditionellen Farben wiederentdeckt.

Blau-weiß-gelber Mantel für orange Technik

Doch auch der Münchener Versuch schlug fehl, den neuen Husqvarnas fehlte es an Eigenständigkeit und der Führung von Husqvarna an Unabhängigkeit von München. Kurz bevor die Marke komplett unterging, verleibte sich 2013 die Pierer Industries AG von KTM-Chef Stefan Pierer, dem auch Husaberg gehört, Husqvarna Motorcycles ein – allerdings ohne Fabrikationsanlagen oder Personal. Der Stammsitz wurde ins österreichische Mattighofen verlegt und in die KTM-Fertigung integriert. Seitdem sind die neuen Modelle im traditionellen Blau, Gelb und Weiß lackiert, tragen den Namen Husqvarna, drin steckt aber zumeist KTM-Technik. Doch der geschickte Marketing-Schachzug zahlt sich aus: Husqvarna schreibt Rekordzahlen bei Verkauf und Jahresumsatz, und zukünftig wird die Marke verstärkt individuell gestylte Modelle für die Straße auf den Markt bringen – mit bewährter KTM-Technik.

Außergewöhnliches Design aus dem Hause Kiska soll das neue Markenzeichen Husqvarnas werden.

Indian

43

Früh da, lange weg, wieder aufgetaucht

Der Häuptling ist zurück – Indian, die älteste amerikanische Motorradmarke, hat sich mit typisch amerikanischem Getöse bei der traditionellen Sturgis Motorcycle Rallye in South Dakota 2013 zurückgemeldet. Gegründet 1901, war das Unternehmen noch früher dran als der amerikanische Konkurrent Harley-Davidson, der 1903 die ersten fahrtüchtigen Modelle in einer Hinterhofbretterbude zusammenbastelte. Seitdem ging es für den Motorrad-Dinosaurier Indian durch zahlreiche Höhen und noch mehr Tiefen: 1903 stellte Oscar Hedstrom, Mitgründer und Chefingenieur von Indian Motorcycle, mit 90 km/h einen Geschwindigkeitsweltrekord für Motorräder auf, 1906 führte Indian die erste V-Twin-Maschine aus amerikanischer Produktion ein – die Geburtsstunde der auch heute noch für Cruiser-Motorräder gängigen Motorenbauart. In den Jahren danach übernahmen Indian-Motorräder die Führungsrolle auf den amerikanischen Rennstrecken und gewannen in Europa das berühmte „Isle of Man Mountain Course Race", die Tourist Trophy.

Hough, ich habe gesprochen

Nach der allmählichen Übernahme des stromlinienförmigen Designs der damaligen Automobile erregte die 1940 vorgestellte Chief weltweit Aufsehen durch die charakteristisch großflächigen „Valence"-Radkasten-Schutzbleche, die eine Indian auch heute noch so unverwechselbar machen. Wirkungsvoll ergänzt wurde die Optik durch den durchgestylten Motor, der mit halbrunden, typischerweise mit Kühlrippen versehenen Ventildeckeln ein weiteres Alleinstellungsmerkmal darstellte. Spätestens jetzt galt eine Indian als das klassische amerikanische Tourenmotorrad, zuverlässiger und preisstabiler als Harleys.

Nach dem Zweiten Weltkrieg fand Indian nur schwer in den zivilen Motorradmarkt und bekam schon 1945 einen neuen Eigentümer. In dieser Zeit bekamen die Indian-Modelle ihr nächstes Charaktermerkmal verpasst: Seit 1947 tragen alle Indian-Motorräder den chromgefassten beleuchteten Indianerkopf mit Kriegsschmuck auf dem vorderen Kotflügel, die „Warbonnet", die sich zu einem der symbolträchtigsten Stilmerkmale der Motorradgeschichte entwickelte.

Doch trotz Neuauflage der Chief mit einem größeren 1.300-cm^3-Motor und moderner Teleskopgabel im Jahr 1950 musste die ursprüngliche Indi-

Fransen und runde Ventildeckel gehören zur Chief.

an Motorcycle Company in Springfield/Massachusetts drei Jahre später die Pforten schließen. 1967 war der Name Indian plötzlich wieder in aller Munde, dem tollkühnen Herbert „Burt" Munro sei Dank: Auf einer selbst umgebauten 1920er Indian Scout stellte der neuseeländische Motorrad-Enthusiast bei der Bonneville Speedweek auf dem gleichnamigen Salzsee in Utah mehrere Geschwindigkeitsrekorde auf, manche davon hatten vier Jahrzehnte lang Bestand.

Versuch und Irrtum

Bis in die 1990er-Jahre hinein gab es immer wieder Versuche, den Namen Indian wiederzubeleben. Die komplexen Markenrechtsverhältnisse ließen diese jedoch allesamt scheitern. Erst 1998 schlossen sich mehrere ehemalige Konkurrenten zur Indian Motorcycle Company zusammen, die tatsächlich neue Modelle produzierte. Doch 2003 war diese Gilroy-Ära genannte Zeit schon wieder (Zweirad-)Geschichte. Der vorletzte Akt begann 2004 mit dem Kauf der Marken- und geistigen Eigentumsrechte durch die Unternehmer Stephen Julius und Steve Heese. Die ersten neuen Indian Chief-Motorräder liefen 2008 in Kings Mountain/North Carolina vom Band.

Im April 2011 kaufte der amerikanische Motorsportkonzern Polaris die Indian Motorcycle Company. Damit erkaufte sich das Unternehmen aus Minnesota die bitter vermisste Tradition, die dem anerkanntermaßen hohen technischen Knowhow der Firma noch fehlte. Und das scheint anzukommen: Die Verkaufszahlen steigen, die Markenbekanntheit wächst so stark, dass Polaris die zuvor selbst gegründete Motorradmarke Victory wieder einstampfte und sich nun voll auf Indian konzentriert.

Kawasaki

Die Grünen

44

Kawasaki ist ein großer Stahl-Mischkonzern, bei dem die Motorradsparte heute nicht einmal ein Viertel des Umsatzes einbringt. Schon 1878 gründete Sozo Kawasaki eine Schiffswerft in Tokio, seitdem ist das Unternehmen im Schiffsbau tätig. 1911 baute Kawasaki die erste Dampflokomotive Japans, es folgte der Einstieg in die Schwerindustrie mit Eisenbahnbrücken- und Flugzeugbau. Nach dem Zweiten Weltkrieg waren die Produktionsmöglichkeiten eingeschränkt, sei es, dass die Anlagen zerstört waren, sei es, dass Rüstungsgüter nicht mehr produziert werden durften.

Erste Arbeiten als Zulieferer

Deshalb verlegte man sich auf das Geschäftsfeld der motorisierten Zweiräder, das in Japan boomte. Komplette Motorräder wurden dort aber eher selten fabriziert, zumeist gab es einen Rahmen, in dem dann der Motor eines Zulieferers montiert wurde. Einer dieser Zulieferer war Kawasaki, das zunächst Getriebebaugruppen für Mopeds und Motorräder produzierte. Ganze Motorräder baute Kawasaki erst seit 1952, seit 1960 sitzt das Motorrad-Stammwerk in Akashi.

Kawasakis H2R als Machbarkeitsstudie mit Kompressor.

In den 1960er-Jahren versuchte sich Kawasaki an Kopien europäischer Modelle wie der 650 W1, dem ersten großen Paralleltwin von Kawasaki. Diese konnte jedoch noch kein neues Kapitel aufschlagen, erst die beiden neuen Drehschieber-Zweitakter 250A1 Samurai und 350A7 Avenger machten Kawasaki in den USA seit 1966 sehr erfolgreich.

Extrem als Eigenschaft

Das eigenständige Image der Marke begründete erst 1969 die 500er „Mach III" mit Dreizylinder-Zweitakter, eine rassige Rennmaschine mit Straßenzulassung: 60 PS stark und bis zu 200 km/h schnell – von da an galt Kawasaki als die Marke der Sportler, gewürzt mit einer Prise Aggressivität. Dieses Image bedienten die Japaner fleißig weiter mit der 1972 erschienenen 900 Z1, ein Vierzylinder-Viertakter mit 79 PS aus 903 cm^3 Hubraum. Anfang 1973 starteten Verkauf und Auslieferung in Deutschland, die Nachfrage überstieg schnell das Angebot. Es folgten 1978 die Z1300, keine andere Serienmaschine war größer, schwerer und stärker, und 1984 die GPZ900R, die mit 240 km/h das schnellste Straßenmotorrad seiner Zeit war. Mit dem Wechsel zum großvolumigen, leistungsstarken Viertakter hatte Kawasaki alles richtig gemacht.

Gleichzeitig engagierte sich Kawasaki im Motorsport. Hierzulande ganz wichtig: 1978 nahm Kawasaki den Bayern Toni Mang unter Vertrag, der sich 1981 mit dem Gewinn der Weltmeisterschaft sowohl in der 250er- wie auch in der 350er-Klasse revanchierte.

Als neuen Meilenstein feierten die Grünen 1984 den Beginn der Ninja-Geschichte als eine neue Ära der Supersportmotorräder der Marke, doch schon 1991 besannen sich die Japaner auf ihre Wurzeln und brachten im Kontext allgemeinen Hochrüstens die rückwärts gerichteten Zephyrmodelle, die mit luftgekühlten Reihenvierzylindern an die legendären Z-Modelle aus den Siebzigern erinnerten – mutig und erfolgreich.

Noch massenkompatiblere Modelle entstanden Anfang der 2000er-Jahre. Die Allrounder der ER-6-Baureihe etwa erfreuten sich sehr bald großer Beliebtheit. Gleichzeitig spielte Kawasaki zunehmend auf der Klaviatur aus Tradition und Ruf – immer mehr Bikes trugen das berühmte „Z" im Namen.

Abgesehen davon bleibt sich Kawasaki treu und setzt auch heute immer wieder Duftmarken bei Höchstleistung und Image: Das 2015 eingeführte Kompressormotorrad H2R sprengt für 55.000 Euro die aktuellen Dimensionen in der offenen, nicht zulassungsfähigen Variante mit einer Höchstleistung von 326 PS, die natürlich nur auf den Rennstrecken dieser Welt abgerufen werden dürfen.

KTM

45

Viel mehr als Kartoffel-Tretmaschinen

Die Wurzeln von KTM reichen bis vor den Zweiten Weltkrieg zurück, als Hans Trunkenpolz 1934 am Marktplatz von Mattighofen in Oberösterreich eine Schlosserwerkstätte eröffnete. Kurz darauf verkaufte und reparierte er DKW-Motorräder. Anfang der 1950er-Jahre kam ihm die Geschäftsidee eines eigenen Motorrads in den Sinn, denn im damaligen armen Österreich bestand ein sehr großer Bedarf an einfachen, billigen und robusten Motorrädern, um die Bevölkerung wieder mobil zu machen. 1953 entstand der erste Prototyp mit dem bewährten 98-cm^3-Zweitakter von Sachs, 1954 begann der Serienbau, wobei das Unternehmen nahezu sämtliche Komponenten, wie Bremsen und Kühler, selbst produzierte. Die Motoren kamen von Rotax aus Gunskirchen, selten auch von Puch und für Exportmodelle von Fichtel & Sachs.

Ab ins Gelände

Da trug das Unternehmen schon die drei magischen Buchstaben KTM, was ein wenig verwundert, denn das „K“ in Form des zweiten Gesellschafters und Konstrukteurs Ernst Kronreif kam erst im Jahre 1955 hinzu – nun firmierte das Unternehmen offiziell unter KTM-Motorfahrzeugbau KG, Kronreif & Trunkenpolz Mattighofen.

Die ersten Modelle trugen Namen wie Tourist, Mustang oder Tarzan, 1957 wurde der weltweit erste Mopedroller der Fachwelt präsentiert: der Mecky. Ende der 1950er-Jahre verabschiedete sich KTM offiziell vom Straßenrennsport und konzentrierte sich auf den Geländesport, denn mit dem neuen KTM-Rennmotor gewann Erwin Lechner zahlreiche Offroad-Wettbewerbe. Danach lief das Geschäft mit dem motorisierten Zweirad immer schlechter, 1960 stellte KTM die Motorradproduktion ganz ein und konzentrierte sich auf Mopeds und Roller.

Doch nicht allzu lange – bereits 1964 erfolgte der Wiedereinstieg in den Geländesport mit Gründung des ersten KTM Werksteams und Teilnahme bei den Six Days. Zwei Jahre später gewann KTM die Goldmedaillen bei den Six Days in Schweden, womit der Weg ins Gelände endgültig vorgezeichnet war. KTM produzierte nun zahlreiche erfolgreiche Offroad-Modelle.

Doch trotz aller sportlichen Erfolge der vergangenen Jahrzehnte zeigten sich 1986 massive finanzielle Probleme. 1988 wurde die Motorrollerproduktion eingestellt und 1991 Insolvenz angemeldet. 1992 formierte sich die Motorradsparte als KTM Sportmotorcycle GmbH neu und legte den Grundstein für eine Erfolgsstory: KTM „erfand“ das Hardenduro-Konzept sowie die Markenfarbe Orange. Das Konzept ging in den Folgejahren auf und die Marke wurde zur „Hardenduro-Schmiede“.

Europas Größter

Doch die Österreicher igelten sich nicht in der Dreck-Ecke ein, sondern schielten immer wieder auf den großen Markt der Straßenmotorräder. 1994 kam mit der 620 Duke das erste Straßenmotorrad. Seither sind KTM-Motorräder durch ihr polarisierendes Design aus dem Hause Kiska gekennzeichnet. Es folgte die Akquise verschiedener Unternehmen, Husqvarna kam 2013 hinzu. Größere finanzielle Möglichkeiten brachte seit 2007 der Einstieg des indischen Herstellers Bajaj, bei dem die kleinen KTM Duke-Modelle gefertigt werden.

KTM hat es jedoch geschafft, trotz der Ausweitung des Produktportfolios glaubhaft zu bleiben, getreu dem eigenen Slogan „Ready to race“ und mit WM-Titeln in den Offroad-Disziplinen sowie in der Moto3-Serie. KTM betätigt sich in allen Feldern des Motorsports, seit 2017 sogar im MotoGP.

KTM ist von den Stückzahlen der größte europäische Motorradhersteller, wenngleich viele Modelle nicht in den Zulassungsstatistiken auftauchen: Die Dirtbikes in den Vereinigten Staaten, ein Riesenmarkt, werden ohne Zulassung gefahren. Mittlerweile verkauft KTM mit Husqvarna zusammen mehr als 200.000 Motorräder.

KTM steht für „ready to race“, auch in der Wüste.

Moto Guzzi

46

Carlo Guzzis Ideenschmiede am Comer See

Tradition, Legende und Mythos – der italienische Motorradhersteller Moto Guzzi aus Mandello del Lario bietet alles. Die Guzzisti zählen zu den treuesten Anhängern in der gesamten Zweiradszene. Vielleicht liegt es daran, dass der Standort der gleiche ist wie bei der Firmengründung vor mehr als 95 Jahren? Am 15. März 1921 gründeten Emanuele Vittorio Parodi, ein bekannter Reeder aus Genua, sein Sohn Giorgio und dessen Freund Carlo Guzzi, die sich bei der Königlichen Luftwaffe kennengelernt hatten, die Moto Guzzi Aktiengesellschaft. Den Adler mit den ausgebreiteten Schwingen wählten sie als Firmenzeichen zu Ehren ihres bei einem Probeflug abgestürzten Freundes Giovanni Ravell, der eigentlich bei dem Unternehmen mitmachen sollte.

Zu Beginn normal

Das erste Motorrad war die legendäre Normale mit einer Leistung von 8 PS. Es folgten Erfolgsmodelle wie die Guzzi G.T. im Jahr 1928 – mit dem Spitznamen „Norge“ wegen einer Expedition zum Nördlichen Polarkreis – und 1939 die Airone 250, die mehr als 15 Jahre das in Italien meistverkaufte Mittelklasse-Modell war.

Moto Guzzis V7, das sportliche Kultbike von 1970

Schräge Zylinder als Merkmal

Die robusten Serienmotorräder mit Einzylinder brachten Geld, doch die Rennsportaktivitäten mit technisch interessanten Maschinen mit Ein-, Zwei-, Drei-, Vier- und Achtzylinder-Triebwerken machten die Firma weltweit bekannt: Der erste Sieg gelang bei der renommierten Targa Florio 1921, es folgten unter anderem 14 Weltmeistertitel und elf Tourist Trophy-Siege, bis sich das Unternehmen 1957 aus dem Rennsport zurückzog.

Quer als Markensymbol

Wenig später schlitterte das Werk in eine existenzbedrohende Krise, und Anfang 1966 musste sich die inzwischen marode Firma unter staatliche Kontrolle stellen lassen. Erst als 1967 die neue Gesellschaft SEIMM (Società Esercizio Industrie Moto Meccaniche) gegründet wurde, ging es wieder aufwärts. Ende der 1960er-Jahre entwickelte Moto Guzzi den Zweizylinder-V-Motor mit 90°-Winkel, dessen Zylinder quer zur Fahrtrichtung angeordnet waren – seitdem ist diese Bauart zum Symbol der Marke geworden. Auf dieser Grundlage entstanden erfolgreiche Modelle wie die V7 und die Moto Guzzi California, die als Granturismo den US-Markt aufmischen sollte.

Anfang der 1970er-Jahre übernahm der argentinische Industrielle Alessandro de Tomaso Moto Guzzi und hatte bis in die 1990er-Jahre das Sagen, dann begann ein munteres Wechselspiel: de Tomaso verkaufte seine Anteile an die Handelsbank Finprogetti, 1999 beteiligte sich die US-Finanzgruppe NAAC bei Guzzi. Doch die Investitionen brachten keinen Fortschritt, Moto Guzzi kämpfte ums Überleben. Im Jahr 2000 übernahm Aprilia-Chef Ivano Beggio, doch er scheiterte und seit Ende 2004 gehört Moto Guzzi samt Aprilia und Laverda zum Piaggio-Konzern.

Sehr viel getan hat sich seitdem nicht. Alle Modelle werden vom 90°-Vau-Motor angetrieben, der seine Zylinder markant rechts und links aus dem Motorrad herausstreckt. Beim Gasgeben im Stand wackelt die Guzzi wegen der längs liegenden Kurbelwelle immer ein wenig. Das Werk steht noch in Mandello del Lario. Hauptbestandteil sind nach wie vor Mittelklasse-Naked-Bikes mit klassischer Anmutung wie die V7 und die Maxi-Cruiser der California-Baureihe dominieren die Modellpalette, ein Ausreißer ist der futuristische Bagger MGX-21.

MV Agusta

47

Wechselvoll, aber immer mit großem Klang

MV Agusta hat längst einen festen Platz in der Motorradhistorie gefunden. Zum Mythos ist die italienische Traditionsmarke durch ihre legendäre Grand-Prix-Erfolge in den 1960er- und 1970er-Jahren geworden. Die Ursprünge des Unternehmens datieren aus dem Jahre 1907, als der Flugzeugkonstrukteur Conte Giovanni Agusta Flugmaschinen entwarf. Nach dem Zweiten Weltkrieg musste sich die Firma auf Druck der Alliierten ein neues Betätigungsfeld suchen, und so verfiel sein Sohn Domenico Agusta auf die Motorradproduktion: In Samarate liefen ab 1945 Motorräder unter dem Namen Meccanica Verghera Agusta vom Band, was so viel wie „mechanischer Betrieb Agusta in Verghera", einem Ortsteil von Samarate, hieß.

Neben dem Verkaufsboom in den 1950er-Jahren gründete der Mythos MV Agusta auf unzähligen Rennerfolgen. Zwischen 1954 und 1974 holte MV fantastische 37 Konstrukteurs- und 38 Fahrertitel. Allein Italiens Nationalheld Giacomo Agostini holte nicht weniger als 13 Weltmeistertitel auf MV. Doch Rennerfolge allein füllen keine Kassen, und in der Folgezeit geriet das Unternehmen in heftige Turbulenzen. Die Motorradproduktion musste 1980 eingestellt werden.

Elegant und sportlich wie keine zweite – F4S Serie Oro

Auferstanden aus Ruinen

1992 kam es zur wunderbaren Wiederbelebung durch Claudio Castiglioni, den charismatischen Boss der Marken Cagiva und Ducati. Castiglioni und der geniale Motorradentwickler Massimo Tamburini präsentierten der Motorradwelt 1997 die atemberaubende F4 750 Serie Oro mit einem Reihenvierzylinder, dessen vier Ventile radial angeordnet waren. Trotz des Enthusiasmus und der Lorbeeren der Fachpresse kam es bald zu finanziellen Engpässen, in deren Folge Claudio Castiglioni 2004 die Mehrheit von MV Agusta an den malaysischen Autobauer Proton verkaufte, sie aber ein Jahr später zum symbolischen Preis von einem Euro zurückerhielt. Im August 2008 kaufte die Chopperschmiede Harley-Davidson die Marke. Doch das amerikanische Intermezzo währte nicht lange. Im Zuge der weltweiten Zweiradkrise gerieten die Amis selbst ins Trudeln und gaben die Marke nach einem extrem kostspieligen Gastspiel im August 2010 für einen symbolischen Dollar an den vormaligen Firmenboss Claudio Castiglioni zurück.

Balancieren am Rande

Eine umfassende Restrukturierung 2010 schuf die Basis für eine positive Entwicklung, die unter anderem durch eine neue Dreizylinder-Familie angeschoben wurde. Jedoch war diese nicht von langer Dauer: 2014 erwarb Mercedes-AMG 25 Prozent an der Firma; dennoch musste Giovanni Castiglioni, seit dem Tod seines Vaters 2011 MV-Chef, im April 2016 wegen finanzieller Schwierigkeiten Gläubigerschutz beantragen. Im Zuge dieser Entwicklung entzweiten sich AMG und Castiglioni, der aber einen neuen Investor zum Einstieg überreden konnte: Die Black Ocean Group, eine russisch-amerikanische Gruppe, pumpt über eine Kapitalerhöhung frisches Geld in das Unternehmen. Ob damit der Fortbestand der atemberaubend schönen Italiener gesichert ist, wagt man nicht zu orakeln.

Verstorbener MV-Boss Claudio Castiglioni

MZ

48

Ein Leben im Zweitakt

Im Jahre 1906 kaufte der dänische Unternehmer Jörgen Skafte Rasmussen eine leerstehende Tuchfabrik in Zschopau. Unter dem Namen Rasmussen & Ernst wurden zunächst Haushalt- und Werkstattgeräte sowie Kfz-Zubehör gefertigt. Ab 1912 firmierte das Unternehmen unter Zschopauer Maschinenfabrik J. S. Rasmussen und erfand das Markenzeichen DKW: Dampf Kraft Wagen. Als 1919 der erste Einzylinder-Zweitakter seine blaue Fahne auspuffte, blieben ihm die Buchstaben DKW erhalten. 1922 begann die eigentliche Motorradproduktion. Unter dem Slogan „DKW, das kleine Wunder, läuft bergauf wie andre runter" startete eine Erfolgsgeschichte. 1928 übernahm DKW die Audiwerke AG Zwickau und war 1929 mit einer Jahresproduktion von 60.000 Motorrädern die größte Motorradfabrik der Welt. Ab 1932 gehörte DKW zur auf Rasmussens Betreiben neugegründeten Auto Union. Bis zum Ende des Zweiten Weltkriegs wurden rund 650.000 Maschinen gefertigt.

Danach vergingen einige Jahre, bis 1950 unter dem Markenzeichen Industrievereinigung Fahrzeugbau (IFA) wieder Motorräder hergestellt wurden. Seit 1952 firmierte der Betrieb unter VEB Motorradwerk Zschopau (MZ), doch erst 1956 lief das erste Motorrad unter dem neuen Markenzeichen MZ (Motorradwerk Zschopau) vom Band: eine MZ ES 250. Seitdem wird MZ mit der Zweitaktära gleichgesetzt.

Praktisch, einfach und gut

Das Konzept mit einfachem Aufbau und untereinander leicht austauschbaren Teilen setzte auf Haltbarkeit, Wartungskomfort und Modellkontinuität. MZ gehörte zu den wenigen Firmen weltweit, die Motorräder mit Seitenwagen ab Werk lieferten. Auch auf der anderen Seite des Eisernen Vorhangs waren MZ-Modelle zu haben und in bestimmten Kreisen sogar sehr beliebt: In der Bundesrepublik Deutschland waren MZs zum Beispiel bei Neckermann bestellbar.

Aber MZ konnte nicht nur Alltag, die Firma war auch sportlich erfolgreich: Von 1957 bis 1973 war MZ die führende deutsche Marke im internationalen Motorradrennsport bei den 125er-, 250er- und 350er-Zweitaktern. Im Jahr 1963 gewann das DDR-Nationalteam auf MZ-Motorrädern erstmals die Six Days. Ein letzter Erfolg gelang 1987.

Unharmonisches MZ-Modellprogramm vom E-Roller Charly bis zur 1000 S

Fass ohne Boden

Nach der Wende brachen mit der Privatisierung 1990 schwere Zeiten an. Das Unternehmen Motorradwerk Zschopau GmbH musste trotz Unterstützung in Höhe von 70 Millionen Mark am 18. Dezember 1991 Konkurs anmelden.

Am 1. Juli 1992 gründete Petr-Karel Korous die Motorrad- und Zweiradwerk GmbH, kurz MuZ. Von 650 Mitarbeitern blieben nur 100. Bereits im Herbst wurde eine neue Modellpalette mit 500er-Einzylinder-Viertakt-Motoren von Rotax aus Österreich vorgestellt. Die MuZ Motorrad- und Zweiradwerk GmbH zog 1993 in den Ortsteil Hohndorf um, wo sich zu DDR-Zeiten die Zylinderschleiferei befand. Erste Neuentwicklungen erschienen 1994 mit den Skorpion-Modellen, die von einem 660-cm^3-Einzylindermotor von Yamaha angetrieben wurden.

Doch nur kurze Zeit später, 1996, übernahm der malaiische Konzern Hong Leong das Unternehmen, seit 1999 nennt sich der Hersteller wieder MZ Motorrad- und Zweiradwerk GmbH. Im Jahr 2000 zeigte MZ eine moderne Eigenentwicklung mit dem 125er-dohc-Viertakt-Einzylinder der RT 125 – einem der stärksten Viertakt-Motoren in der Leichtkraftradklasse. Im gleichen Jahr präsentierte MZ den Prototypen der 1000 S, die 2003 endlich ausgeliefert wurde. Zu spät, denn die Schulden hatten sich zu sehr aufgetürmt – Hong Leong hatte laut eigener Aussage seit der Übernahme 1996 über 70 Millionen Euro Verlust eingefahren. Am 4. Juni 2008 stellte Hong Leong die Geschäftstätigkeit von MZ ein.

Suzuki

49

Ehrlich und preiswert

Suzuki-Gründer Michio Suzuki war gerade mal 22 Jahre alt, als er seine Firma „Suzuki Shokkuki Seisakusho" 1909 in Hamamatsu gründete. Damals baute das Unternehmen jedoch noch keine Motorräder, sondern Webstühle und Textilmaschinen – und das sehr erfolgreich. Bis Suzuki im Zweiten Weltkrieg Rüstungsgüter produzieren musste und nach dessen Ende praktisch ohne Werksanlagen dastand – alles war zerstört.

Nach Kriegsende kam der Wiederaufbau rasch in die Gänge, die ursprünglich produzierten Webstühle waren indes kaum gefragt. Vorübergehend produzierte Suzuki für die Landwirtschaft, doch Ende 1951 sah Michio die Chancen im Motorradgeschäft: Im Juni 1952 stellte Suzuki sein erstes motorisiertes Zweirad vor, ein von einem 36-cm^3-Zweitaktmotor angetriebenes Fahrrad namens Power Free. In den folgenden 24 Jahren blieb Suzuki beim Zweitakt-Prinzip. Mittlerweile war das Geschäft mit Motorrädern für Suzuki so wichtig, dass sich die Firma 1954 in Suzuki Motor Co., Ltd. umbenannte und die Produktion von Webstühlen einstellte.

Weltweite Orientierung

Die internationale Expansion begann 1963 mit Gründung einer US-amerikanischen Vertriebsgesellschaft in Los Angeles, die den wichtigen US-Markt erschloss. Seit 1969 kann man Suzuki-Motorräder in Deutschland kaufen. Nach den jahrzehntelang angebotenen ausgereiften Zweitakt-Maschinen überraschte Suzuki auf der IFMA 1974 mit der sensationellen RE5, die als einzige Japanerin jemals einen Wankelmotor trug – der Einscheiben-Wankel schöpfte aus 497 cm^3 stramme 67 PS. Zweite Überraschung: Ab 1976 brachte das Werk mit der GS-Baureihe die ersten Viertakter in Form der zweizylindrigen GS400 und der GS750D mit vier Zylindern. Mit dem ersten Quad, dem LT 125 von 1983, eröffnete Suzuki einen neuen Markt für Motorfahrzeuge.

Das erste Superbike

1984 erwies Suzuki dem deutschen Markt mit einer eigenen Niederlassung die Ehre, ein Jahr später, 1985, folgte der Paukenschlag, der die Sportwelt nachhaltig revolutionierte: die GSX-R 750, das erste echte Viertakt-Superbike, ein Rennmotorrad für die öffentliche Straße – der Begriff

Suzukis Wanderfalke Hayabusa war das erste 300-km/h-Bike.

vom Superbike war geboren und die Siebeneinhalber das neue Maß der Dinge im Sportkosmos: 100 PS aus einem luft-ölgekühlten Reihenvierzylinder und mit 176 Kilogramm ein Trockengewicht, das nur elf Kilogramm über dem Minimumgewicht für rennfertige Superbikes lag. Auf den Rennstrecken konnten Suzuki-Fahrer die Erfolge alsbald einfahren, so ging der Langstreckentitel erstmals 1987 an die Suzuki GSX-R 750.

Die Sportaktivitäten gehörten – wie bei den anderen drei Japanern übrigens auch – schon immer zum Kerngeschäft der Marke. Insgesamt konnte Suzuki je 15 Fahrer- und Konstrukteurs-Weltmeistertitel in der seit 1949 ausgetragenen Motorrad-Weltmeisterschaft einfahren, unter anderem mit bekannten deutschen Fahrern: Ernst Degner wurde 1962 Weltmeister in der 50-cm^3-Klasse, Hans Georg Anscheidt machte es ihm 1966, 1967 und 1968 gleich dreimal nach. Dieter Braun holte den Titel in der 125-cm^3-Klasse 1970 nach Deutschland. Ein Idol und Markenbotschafter war auch die Nummer 34, Kevin Schwantz, selbst wenn es ihm nur einmal gelang, 500er-Weltmeister zu werden (1993).

2001 legte Suzuki im Serienbau kräftig nach und stellte mit der GSX-R 1000 K1 das erste Superbike mit 1.000-Kubik-Vierzylinder auf die Räder. Wegweisend war das Leistungsgewicht von annähernd einem Kilogramm pro PS bei 170 kg Trockengewicht und 160 PS Maximalleistung.

Ähnlich viel Aufsehen war Suzuki mit der Hayabusa garantiert: Der „Wanderfalke“ von 1999 war das erste Serienmotorrad, das die 300-km/h-Schallmauer knackte und damit die Diskussion über die Sozialkompatibilität von Motorrädern in den Medien neu entfachte. Die GSX 1300 R wog mit ihrem 175 PS starken Reihenvierzylinder 251 kg und war ein extremer Sporttourer, aber kein Supersportmotorrad.

Triumph

50

Wundersame Wiederkehr

Der aus Nürnberg stammende Auswanderer Siegfried Bettmann gründete die Triumph Cycle Company 1887 in Coventry zur Produktion von Fahrrädern. Mit dem technologischen Fortschritt stieg das Unternehmen 1902 auf die Herstellung motorgetriebener Zweiräder um. Bis 1905 erreichte der Ausstoß 500 Motorräder pro Jahr, allesamt im Coventry-Werk entwickelt, produziert und montiert.

In den nächsten achtzehn Jahren wuchs Triumph kontinuierlich, 1923 kam die Fertigung von Automobilen hinzu. Mitte der 1920er-Jahre produzierte das Motorradwerk in Coventry mit 3.000 Mitarbeitern zwischen 25.000 und 30.000 Einheiten, 1935 wurde die Motorradsparte verkauft und in Triumph Engineering Co. umbenannt.

Zweirad-Krieger

Während des Zweiten Weltkriegs produzierte Triumph nur für den Staat. Nach Zerstörung der Fabrik in einem Bombenangriff 1940 wurde die Arbeit zunächst in einem Übergangswerk in Warwick, später in einer neuen Fabrik in Meriden wieder aufgenommen. 1946 startete die zivile Produktion, besonders der Export nach Amerika kurbelte das Geschäft an. Im Jahre 1951 übernahm die BSA Group Triumph, ohne die Marke ver-

Als Genossenschaftsmodell produzierte Triumph Tiger 750.

schwinden zu lassen – die Firma blieb ein separates Unternehmen innerhalb der Gruppe. Die folgenden zwei Jahrzehnte gelten als das „Goldene Zeitalter“ für die Britische Motorradindustrie. Motorradfahren war in Westeuropa und in den USA so populär wie nie.

In dieser Phase entstand das Motorrad, das wie kein anderes für Triumph steht: die Bonneville. Johnny Allen stellte 1955 auf einem Prototypen mit 214,5 mph (345,2 km/h) auf dem Bonneville-Salzsee einen neuen Geschwindigkeitsweltrekord für Motorräder auf, deshalb bekam die ursprünglich T120 genannte Maschine den Beinamen Bonneville. Das 1959 auf den Markt gekommene Modell war ein Riesenerfolg für Triumph, besonders in den USA.

Arbeiter als Unternehmer

Den Produktionshöhepunkt erreichte Triumph 1969 mit 46.800 Einheiten pro Jahr. In den frühen 1970er-Jahren führten Zulieferer-Engpässe und Fertigungsprobleme zu Produktionsausfällen, sodass 1972 die BSA Gruppe gemeinsam mit Norton Villiers zu Norton-Villiers-Triumph (NVT) verschmolz. Am 17. Juli 1973 verkündete NVT die Schließung des Standortes Meriden, worauf die Belegschaft die Hallen besetzte. Erst im November 1974 wurde die Besetzung aufgegeben, der Arbeitskampf selbst dauerte jedoch noch bis zum 6. März 1975. Als Folge davon gründete sich nach zähen Verhandlungen die „Meriden Workers Co-operative“, die dafür benötigten Staatsgelder wurden als Kredit zur Verfügung gestellt. Damit wurden 750er Bonnevilles und Tiger-Modelle gefertigt, später kaufte die Genossenschaft die Triumph-Namensrechte von NVT, die Produktion stieg nach und nach auf 350 Motorräder pro Woche. Trotz des Enthusiasmus der Belegschaft und weiterer Regierungsunterstützung musste die Genossenschaft 1983 Konkurs anmelden.

Nach der Liquidation erwarb der Immobilienmogul John Bloor 1983 zusammen mit dem alten Werksgelände auch die Markenrechte am Namen Triumph – und präsentierte 1984 seine Pläne zum Wiederaufbau, 1988 erfolgte die Grundsteinlegung für eine neue Fabrik in Hinckley, Leicestershire. Erste Modelle mit Drei- und Vierzylindermotoren waren auf der Kölner IFMA 1990 zu sehen, die Produktion begann im Frühjahr 1991.

Das Konzept ging auf, die Verkaufszahlen entwickelten sich positiv, und 2001 konnte Triumph weltweit 31.000 Motorräder absetzen. Heute lebt die neue Firma sehr gut vom Ruf der alten: Die Klassiker-Baureihe mit Namen Bonneville lehnt sich optisch an das Urmodell von 1959 an und verkauft sich prima, und Triumph hat als einziges Unternehmen der einstmals so großen und stolzen britischen Motorradindustrie überlebt.

Voxan

51

Wie Asterix und Obelix

Mitte der 1990er-Jahre baut die ganze Welt japanische Reihenvierer, amerikanische V-Twins oder deutsche Boxermotoren – wirklich die ganze Welt? Nein, ein kleines Unternehmen mitten im französischen Nirgendwo geht seit Dezember 1995 seinen eigenen, französischen Weg. Voxan, gegründet vom schwerreichen Großindustriellen Jacques Gardette im verträumten Landstädtchen Issoire unweit Clermont-Ferrand, pfeift auf Globalisierung, Mainstream und Tradition: Gardette kreierte eine Marke aus der Retorte, die mit eigenem Motor und hochwertigen Komponenten unter schlanker Fertigung zur Nobelmarke aufsteigen und sich mit eigenen Ideen zunächst auf dem heimischen Markt etablieren sollte.

Zonenrand in Frankreichs Mitte

Möglich wurde der Bau der Produktionsanlagen durch staatliche Subventionen für das strukturschwache Gebiet. Administration und Verwaltung logieren, wie im zentralistischen Frankreich üblich, in Paris. Den ersten viel beachteten Auftritt hatte das junge Unternehmen auf dem Pariser Salon 1997, wo Prototypen den heimischen Nationalstolz anfachten. Das erste produzierte Modell war die ganz auf den französischen Geschmack ausgerichtete Roadster, von der die ersten Serienmodelle im Juli 1999 an die Kunden gingen. Der Café Racer war das zweite Modell der Palette, gefolgt vom Scrambler, der seit Juni 2001 produziert wurde. Aus heutiger Sicht war Voxan mit genau den richtigen Modellen am Start – nur leider gut zehn Jahre zu früh.

In Issoire montierten zu dieser Zeit 110 der insgesamt 135 Voxan-Mitarbeiter – die übrigen saßen in der Pariser Verwaltung – in zwei Schichten maximal 20 Motorräder pro Tag. Die meisten der rund 300 Zulieferer kamen aus Frankreich, Michelin-Reifen, MIG-Auspuffsysteme, Chambon-Kurbelwellen und -Pleuel gehörten dazu. Die Modelle entstanden im kostendämpfenden Baukastensystem: Etwa eine Hälfte der Teile war Standard, die andere speziell. Motor wie Basisrahmen waren gleich, Modifikationen in der Motorperipherie sowie unterschiedliche Steuerköpfe und Schwingen sorgten für den eigenständigen Charakter der einzelnen Modelle. Das hielt das anfängliche Investitionsvolumen bei rund 20 Millionen Dollar erstaunlich gering und die Entwicklungszyklen der einzelnen Modelle extrem kurz.

Voxan-Zukunftsstudie E-Motorrad Wattman

Verkalkuliert und ausgemustert

Trotz des großen Interesses und der weitgehend positiven Beurteilung hatte sich der kleine Napoleon verkalkuliert: Mitte 2001 musste er finanzielle Engpässe einräumen, ein Jahr später stand die Produktion still. Mit der Übernahme Voxans am 18. Juni 2003 durch den Immobilienmogul und Werftbesitzer Didier Cazeaux kam wieder Land in Sicht und die Produktentwicklung in Gang. Dank einer kräftigen Finanzspritze durfte das Unternehmen seine ehrgeizigen Pläne weiterverfolgen und präsentierte ein neues Topmodell, das auf den Namen „Black Magic" hörte.

Doch auch dem Werftbesitzer ging das Geld aus, seit Anfang 2007 gehörte die kriselnde Firma zum Mischkonzern Sidam, der als Europaimporteur chinesischer Produkte zu Geld gekommen ist. Wieder stellte Voxan ein neues Modell vor, den Tourer GTV 1200, und wieder war schon bald Schluss: Im September 2009 musste die Firma ein weiteres Mal Insolvenz anmelden. Insgesamt fertigte das Unternehmen am Produktionsstandort Issoire Ferrand zwischen Juli 1999 und Dezember 2009 1.838 Motorräder.

Yamaha

52

Musik und Motoren

Was viele nicht wissen: Die ursprüngliche Firma Yamaha ist fast 130 Jahre alt. Gegründet 1889 von Torakusu Yamaha in Hamamatsu, kümmerte sich das Unternehmen als Yamaha Organ Manufacturing Company um den Orgel- und Klavierbau. Das Logo mit drei gekreuzten Stimmgabeln versinnbildlicht ab 1916 die ursprüngliche Betätigung von Torakusu Yamaha als Restaurator von Musikinstrumenten. In der ersten Hälfte des 20. Jahrhunderts machte sich die Firma als Nippon Gakki international einen Namen im Musikbusiness, bevor man 1955 mit der in Iwata beheimateten Yamaha Motor Company ins Motorradgeschäft einstieg. Das erste Modell mit Namen YA-1, eine Zweitakt-125er, zeigte übrigens eine auffällige Ähnlichkeit zur damals sehr populären DKW RT 125. Yamaha stieg bereits 1958 in den Rennsport ein, ab 1961 trat ein Team in der Motorradweltmeisterschaft an und schon 1964 ging der 250er-Titel an das japanische Werk mit dem jungen Phil Read als Piloten auf einen relativ simplen Zweitakt-Zweizylinder.

Eigene Ideen

Ab 1961 produzierte Yamaha mehr und mehr eigenständige Modelle, 1969 begann bei Yamaha die Viertaktära mit der XS-Modellreihe. Erstes Modell war die XS 1. Der nächste Viertakt-Streich wurde 1972 die TX 750, ein Zweizylinder-Big-Bike, das aber an Kinderkrankheiten litt. So richtig in den Viertakt kam Yamaha 1976, als mit der XS 750 ein 750er-Dreizylinder-Motor vorgestellt wurde, mit Kardanantrieb zum Wohlgefallen der Tourenfahrer versehen. Ebenfalls 1976 kam die XT 500 auf die Zweirad-Welt, eine Einzylinder-Enduro, die von vielen mit wohlfeilen Modifikationen zur ersten Reiseenduro umgebaut wurde. Die XT 500 stand

Das Logo

Ein Wort noch zum Logo: An der Ausprägung können Experten erkennen, ob es sich um die Musikfirma oder das Motorradunternehmen handelt. Durchstoßen die drei Stimmgabeln den äußeren Kreis, handelt es sich um die Yamaha Motor Company, während bei der Yamaha Corporation die Spitzen der Stimmgabeln am Innenkreis enden.

Yamahas RD 350 war eine äußerst beliebte Zweitaktsäge.

bald synonym für das zweirädrige Abenteuer, mithin war die XT 500 das Vorbild für viele weitere Ein- und Zweizylinder-Enduros.

Weitere Meilensteine, die ganzen Generationen von Heranwachsenden ihre Mobilität sicherten, waren die RD-Zweitakt-Modelle im Sportornat. RD 250 und 350 beherrschten die Schulhöfe und Kneipen, noch bevor der eigentliche Überhammer, die RD 500 LC, 1984 in Sichtweite kam. Im gleichen Jahr führten die Yamaha-Ingenieure die Fünfventiltechnologie ein, die lange Jahre ein Alleinstellungsmerkmal für die Supersportler der Marke war: Die FZ 750 atmete über drei Ventile ein und besaß zwei Auslassventile. Als leistungsstarken Kompromiss zwischen Sport und Tour brachte Yamaha im Herbst 1983 die FJ 1100 auf den Markt, der einige Varianten folgten. Technologisch wenig bedeutsam, für den Verkauf aber enorm wichtig war der Softchopper XV 535 aus der Virago-Baureihe, der in den späten 1990er-Jahren hierzulande sogar zu einem echten Topseller mutierte.

Wieder aufgewacht

In jüngerer Zeit beeindruckten die Ingenieure in Iwata mit dem Debüt des Supersportflaggschiffs YZF-R1, das 1998 eine Zäsur im Supersportbereich darstellte, und der Rückkehr zum Dreizylindermotor: Die MT-09 von 2013 holte das ganze Motorrad-Unternehmen aus dem in der Zweiradkrise seit 2009 selbst verordneten Dornröschenschlaf. Die MT-Baureihe und der Aufbau einer technisch entsprechenden Heritage-Serie ließ die Stimmgabel-Marke in kürzester Zeit aus dem Tal der Tränen fliehen.

Wer sonst noch?

Internationales Allerlei

53

Schon mal was von Bajaj, Hero oder TVS gehört? Dabei handelt es sich durchweg um indische Motorradproduzenten. Zu weit weg und unwichtig? Mitnichten: Der indische Markt für Motorräder ist einer der wichtigsten der Welt, 2013 wurden hier 15,8 Millionen Zweiräder über 50 cm^3 gebaut. Das ist mehr als ein Viertel der weltweiten Produktion. Seit etwa fünf Jahren schielen die drei auch zunehmend ins Ausland, allerdings nicht, um ihre braven Alltagsmotorräder auf europäische Straßen zu bringen. Bajaj beispielsweise besitzt einen 48-prozentigen Anteil an KTM in Österreich und stellt zurzeit jährlich zwischen 25.000 und 35.000 Motorräder des Modells Duke in der Klasse zwischen 125 und 390 cm^3 her.

Euro-asiatische Kooperationen

BMW ist seit einiger Zeit mit TVS verbandelt – die Inder bieten Produktionskapazitäten mit niedrigen Kosten für die 310er-Einzylinder-Baureihe, die hier exklusiv produziert wird. Und Hero? Das Unternehmen mit Firmensitz in Neu-Delhi hat im Geschäftsjahr 2013/14 sage und schreibe 6.075.583 Motorräder verkauft, das entspricht dem Mehrfachen des gesamten europäischen Zweiradmarktes inklusive der Fünfziger.

Produktion bei Bajaj in Indien, wo auch KTMs herkommen

Hero aus Indien orientiert sich in die Zukunft.

Doch der indische Subkontinent liegt stückzahlenmäßig noch deutlich hinter dem östlichen Riesen China zurück: 2008 wurden im Reich der Mitte 27,5 Millionen motorisierte Zweiräder produziert, mehr als die Hälfte der jährlichen Weltmarktproduktion. Es gibt rund 130 chinesische Hersteller, allein die fünf größten bauen jeweils mehr als eine Million Motorräder pro Jahr, zumeist Roller und Einzylinder-Kleinkrafträder zwischen 50 und 250 Kubik, doch Jialing hat sogar schon eine 600er im Programm. Zongshen aus Chongqing produziert ebenfalls deutlich mehr als eine Million Motorräder. Die Chinesen kennt man aus Auftritten in der Langstrecken-WM. Haojue produziert drei Millionen motorisierte Zweiräder und weitere drei Millionen Motoreneinheiten – und BMW ließ den Motor der G 650 GS bei Loncin bauen. Oder die Firma Skyteam, die mit Nachbauten japanischer Honda-Klassiker wie der Ace 125, Dax und Monkey ein weltweit riesiges Geschäft aufzieht. Daneben gibt es noch viele weitere Marken. Belächeln sollte man die fernöstliche Konkurrenz nicht – auch Japan machte sich schließlich in den 1960er-Jahren auf, Motorrad-Weltmarktführer zu werden. Was daraus geworden ist, wissen Zündapp, DKW, Kreidler & Co. nur zu genau.

Vergessene Legenden

Das große Markenstерben

54

Kurz nach dem Start der motorisierten Zweiradgeschichte gab es schon den ersten herben Rückschlag: 1907 geriet Deutschland in einen steilen wirtschaftlichen Abschwung, und weil parallel Steuern auf Motorräder eingeführt wurden, gab es den ersten nennenswerten Einbruch – beispielsweise schloss die Firma Adler ihre Motorradproduktion. Viele kleine Unternehmen – heute als Startups bezeichnet – mussten mangels finanzieller Masse die Segel streichen.

Fürs Auto aufgegeben

Die zweite große Markenebbe begann schon in den 1950er-Jahren, als weltweit, in Deutschland noch mit einiger Verzögerung, das Auto den Vorzug erhielt. Das Wachstum beziehungsweise Fortbestehen einiger weniger Motorradhersteller ging zulasten vieler kleinerer Produzenten. Seinen Höhepunkt erreichte das Markensterben aber in den 1960er- und 1970er-Jahren, als verdammt viele, auch renommierte Motorradhersteller ihre Pforten haben schließen müssen. Hierzulande haben Ende der 1950er-Jahre so klangvolle Namen wie Adler, DKW, Hercules, Kreidler, Maico, NSU, Victoria oder Zündapp damals das Zeitliche gesegnet, die englische Motorradindustrie mit BSA, Norton, Sunbeam, Matchless erwischte es zur

Maico Taifun, 1953er-Modell aus Pfäffingen

Später Abgang der Laverda SFC 1000 in den Siebzigern

gleichen Zeit. Auch Italien war gebeutelt – spätestens in den 1970er-Jahren war Schluss für Aermacchi, Benelli, Bianchi, Garelli, Gilera, Laverda, Maserati, Mondial, Moto Morini, Motobi und MV Agusta. Die geringe Nachfrage brachte eine Marktbereinigung mit sich, und nur die stärksten, aber auch innovativsten Unternehmen konnten überleben. Dazu zählten die großen vier Japaner, BMW, die protegierten Ostmarken Jawa, CZ und MZ, aber auch Harley-Davidson, Moto Guzzi und Ducati, die teilweise jedoch nur haarscharf am Ende vorbeischrammten.

Vergessene Namen

Die Zahl der ehemaligen eigenständigen Motorradmarken beträgt in Deutschland um die 600, weltweit reicht sie weit über die Tausend hinaus. Die Liste ist schier unendlich lang. Auch wenn viele Motorradfahrer die teils exotischen Namen noch nie gehört haben. In der folgenden Auflistung verblichener Namen taucht so mancher unbekannte Hersteller auf, mit dem man bei den Zweiradkollegen Eindruck schinden kann: A.J.W., A.K.D., Ardie, Ascot-Pullin, Automoto, Baker, Calthorpe, Coventry Eagle, Cleveland, Delta Gnome, Dollar, Dot, D-Rad, Dunelt, Elite-Diamant, Forster, G.D. Ghirardi, Gillet Herstal, Grindlay-Peerless, Henderson, H.R.D., Humber, James, Levis, La Mondiale, Monet & Goyon, Montgomery, M.T., New Henley, New Hudson, New Imperial, N.U.T., O.E.C., P. & M. Panther, Radco, Radior, Raleigh, René Gillet, Rush, Scott, Smart, Soyer, Super X, Terrot, Titan, Tornax, York.

Niemals geht man so ganz

55

Wiederbelebungsversuche

Der Plan klingt verlockend: mit neuen Motorrädern eine alte Marke wiederbeleben und dabei vom Image und dem Nimbus profitieren. Der Vorteil: Der Name ist bekannt, das ganz große Marketinginstrument des Bekanntmachens kann man sich sparen. Beispiele für solche Versuche gibt es viele, doch selbst vorausschauend agierende Unternehmer scheitern oft, von draufgängerischen Glücksrittern ganz zu schweigen. Denn hinter dem guten Namen muss eine clevere Strategie stehen, und auch das nötige Kleingeld sollte vorhanden sein.

Einmal ist keinmal

Immer wieder kommt es zur vollmundigen Ankündigung eines Comebacks, oftmals von großem Trara und dem Besuch ehemaliger Renngrößen der Marke begleitet. Im Jahre 2014 sah man auf der Herbstmesse in Mailand ein sündteures Einzelstück namens Matchless, das danach in der Versenkung verschwand. Die neue Brough Superior, ebenfalls im Mailänder Blitzlichtgewitter der Weltöffentlichkeit präsentiert, wird zur Zeit in Frankreich reanimiert; allerdings scheint hier die Luft auch immer dünner zu werden. Etwas ernsthafter scheint es bei der wiederbelebten italienischen Offroad-Marke SWM zuzugehen, die ihre Zelte im ehemaligen Husqvarna-Werk bei Varese aufgeschlagen hat. Mehrere Modelle sind bereits in Produktion und Auslieferung, Technik und Geld kommen aus China.

Neue Identität

Benelli, Cagiva, Bimota, Montesa, Norton, Brough, Mondial – einige legendäre Motorradmarkennamen sind nicht totzukriegen, allerdings unterscheidet sich das aktuelle Angebot bisweilen sehr stark vom ursprünglichen Markenkern. Ein aktuelles Beispiel ist Maico, ein Unternehmen, das in den 1960er-Jahren erfolgreich auf Gelände- und Moto-Cross-Maschinen setzte und sich mit Sporterfolgen einen guten Ruf erwarb – heute bietet die Firma OdenwälderFahrzeugTechnik, kurz OFT, Elektromotorräder und ein Elektro-Dreirad unter diesem Markennamen an.

Bleiben wir in Deutschland: Der traditionsreiche Name Kreidler hat eine wahrhaft wechselvolle Geschichte hinter sich. Nach dem Aufstieg zur weltbekannten Marke mit Weltmeistertiteln in den 1960er- und 1970er-Jahren folgte Anfang der 1980er-Jahre der Konkurs der legendären Firma aus dem

Brough Superior ist ein Name mit Wiedererkennungswert.

schwäbischen Kornwestheim. Vor einigen Jahren kaufte die Firma Cycle Union aus Oldenburg, bekannt für Fahrräder, den traditionsreichen Namen, verlegte den Firmensitz ins westfälische Rheda-Wiedenbrück und ließ Mopeds, Roller und 125er bei Quingqi in China unter dem Label Kreidler mit eigenen Ideen produzieren.

Erfolgsstorys gibt es nur wenige. Triumph zählt dazu, weil hier mit einer intelligenten Strategie einem alten Namen wieder echtes Leben und neuer Glanz verliehen wurde. Auch Indian sieht gut aus nach der Konzentration des Inhabers Polaris auf die alte Marke. Bei MV Agusta, dem wohl legendärsten Namen aller Zeiten, ist noch nicht sicher, wohin der Weg führt. Dem mit viel Enthusiasmus und Sachverstand begonnenen Neustart folgte in den letzten Jahren ein unentschiedenes Hin und Her zwischen Abhängigkeiten (Harley-Davidson, AMG Mercedes, ganz aktuell die russisch-US-amerikanische Black Ocean Group) und selbstbestimmtem Handeln, doch bis heute balanciert das Unternehmen am Rand des Konkurses. Ähnlich Horex: Mit einem einzigartigen Motorenkonzept, dem VR6, versuchte ein Konglomerat verschiedener Fachleute um Clemens Neese der Marke seit 2010 eine neue Perspektive zu geben. Es gab zwar erste Modelle, die waren aber noch nicht ausgereift und bis zum Schluss entwickelt, sodass der neu gegründeten Horex GmbH in Augsburg im August 2014 die finanzielle Luft ausging. Die 3C-Carbon Composite Company GmbH übernahm im Januar 2015 die Marke, Fertigungspläne und Werkzeuge, doch viel ist seitdem auch dort nicht passiert.

Mehr als genug

Die Vielfalt der Motoren

56

Dank Nicolaus August Otto arbeiten fast alle zurzeit zugelassenen Motorräder als Hubkolben-Verbrennungsmotoren (= Ottomotoren), die ihre Kraft aus der Verbrennung fossiler Energien beziehen; Ausnahme: Elektromotorräder. Für die Charakteristik eines Verbrennungsmotors, also wie sich das Drehmoment und die Leistung entfalten, wie drehfreudig oder durchzugsstark er ist, sind einige Faktoren entscheidend: Neben dem Funktionsprinzip Vier- oder Zweitakt entscheiden die Anzahl und Anordnung der Zylinder zueinander sowie die jeweilige Einbaulage über den Charakter, um nur die Basiskenndaten zu nennen. Während es den Einzylinder nur liegend oder stehend gibt, können Mehrzylinder nebeneinander als Reihenmotoren oder mit im Vau gespreizten Zylindern auftreten, sie können gegenüberliegen als Boxer-

Nockenwellen mit Kettenantrieb als Merkmal des Viertakters

motor oder in einer Kombination aus Reihe und Vau als VR-Motor konstruiert sein.

Einatmen, verdichten, zünden, ausatmen

Heute arbeiten die Motoren wie in der Motorrad-Anfangszeit ausnahmslos im Viertaktverfahren. Dabei kam der Zweitaktmotor erst nach dem Viertakter ins Spiel, genau genommen 1908 durch Alfred Angas Scott. Sofort trat der simpel aufgebaute Antrieb seinen Siegeszug an: In den 1930er-Jahren war der Zweitaktmotor bei motorisierten Zweirädern am weitesten verbreitet. Noch in den 1970er-Jahren gab es mehrzylindrige Zweitaktmotoren mit großen Hubräumen wie die Kawasaki 750 H2 und den Wasserbüffel mit drei Zylindern, Suzukis GT 750. Erst ab Mitte der 1970er-Jahre setzte sich der vom Fahrer leichter zu beherrschende, von den Konstrukteuren aber aufwendiger zu entwickelnde und zu produzierende Viertakter durch. Die schrittweise Anhebung der Abgasvorschriften machte den Zweitaktmotoren zu schaffen, da kein Hersteller es geschafft hat, die hohen Grenzwerte einzuhalten und gleichzeitig eine attraktive Motorcharakteristik anbieten zu können. Spätestens seit Einführung der Euro 3-Abgasnorm 2003 gibt es keine zweitaktenden Neufahrzeuge mehr. Letztes käufliches Zweitakt-Motorrad war das Rennerle Aprilia RS 250 im Jahre 2002 mit einem Motor aus der Suzuki RGV 250 Gamma.

Lagebeurteilung

Die Einbaulage eines Motors ist für den Abtrieb von großer Bedeutung: Liegt die Kurbelwelle in Fahrtrichtung wie beim BMW-Boxer oder dem Moto Guzzi V-Motor, spricht man von einem längs eingebauten Motor. Hier bietet sich die Kraftübertragung per Kardanwelle an, da dies ohne Umlenkgetriebe zu bewerkstelligen ist. Reihenmotoren wie die japanischen Reihenvierzylinder sind quer zur Fahrtrichtung eingebaut, denn ihre Kurbelwelle liegt um 90 Grad versetzt zur Fahrtrichtung. Hier kommt bevorzugt ein Kettenantrieb zum Einsatz, der direkt vom Abtriebsritzel bedient wird.

Noch bis vor Kurzem konnten Zeitgenossen mit feinem Gehör und großem Erfahrungsschatz die jeweilige Motorenbauart an ihrem typischen Sound nur durch bloßes Vorbeifahren identifizieren. Doch seit die Hersteller über cleveres Soundengineering, einen Kurbelwellenversatz und intelligentes Motormapping beispielsweise aus einem Reihenzweizylinder akustisch fast einen 90°-Vau-Motor machen können, hat sich ein Teil der Eigenarten der Bauform verloren.

Singles

57

Können alleine glücklich werden

Einzylinder, aus dem Englischen kommend auch als Singles bezeichnet, werden stehend, liegend oder geneigt verbaut. Der Einzylinder, gerne auch als Dampfhammer beschrieben, ist jedoch trotz des einfachen Aufbaus nicht die Urform des Motorradmotors, denn der erste verbaute Antrieb war ein Paralleltwin.

Einfach simpel

Die Vorteile eines Einzylinders sind die vergleichsweise simple Konstruktion, eine geringe Masse, hohe Wartungsfreundlichkeit und kompakte Abmessungen. Gegenüber einem Mehrzylindermotor gleichen Hubraums zeigt er einen höheren Wirkungsgrad durch geringere Reibungsverluste, bei hohen Drehzahlen kehrt sich das jedoch durch ungünstigere Strömungsverhältnisse um, außerdem neigt der Single durch den nicht perfekten Massenausgleich zu Vibrationen. Ein weiterer Nachteil ist der unrunde Motorlauf mit größeren Drehzahlschwankungen.

Einzylindermotoren kommen in möglichst leichten Maschinen zum Einsatz wie Enduros. Der größte Serien-Single war in der Suzuki DR 800 S verbaut. Aus 779 cm^3 Hubraum erlöste der luft-/ölgekühlte Motor mit zwei Ausgleichswellen und Doppelzündung 50 PS und 59 Newtonmeter Drehmoment.

Viertaktender Bullet-Einzylinder mit 500 Kubik und wunderschönen Kühlrippen

Twins

Tradition in vielen Variationen

Schon der kleinste Mehrzylinder zeigt die größte Variantenvielfalt. Stehen die beiden Zylinder nebeneinander, gibt es zwei Bauarten: Beim echten Paralleltwin, auch als Gleichläufer bezeichnet, laufen die beiden Kolben synchron auf und ab. Damit lässt sich eine ausgewogene Kraftentfaltung vor allem in mittleren und unteren Drehzahlen erzielen. Nachteile sind die starken Vibrationen vor allem im höheren Drehzahlbereich. Der klassische Paralleltwin war die bevorzugte Bauform der englischen Motorradindustrie. Triumph, BSA, Norton & friends hatten sich dieser Bauart auf Gedeih und Verderb verschrieben.

Gegen oder gleich

Bei einem Gegenläufer stehen die Zylinder ebenfalls nebeneinander, allerdings laufen die Kolben hier komplett versetzt gegeneinander – ist der Kolben des einen Zylinders am oberen Totpunkt, befindet er sich im anderen am unteren. Hier spricht man auch von einem Reihenzweizylinder. Diese Ausführung zeigt zwar eine wesentlich bessere Laufruhe, ist aber gerade im unteren Drehzahlbereich von der Leistungsentfaltung her deutlich unterlegen – er ist weniger durchzugsstark. Grundsätzlich lassen sich Reihenzweizylinder recht kostengünstig produzieren, sie sind kompakt und lassen sich relativ einfach konstruieren. Daher ist dieser Motor die perfekte Wahl für ein Motorrad der dynamischen Mittelklasse wie MZ 1000 S oder Honda CBF 500.

Typischer Briten-Twin

Als Mittelding dürfen Zweizylinder-Reihenmotoren betrachtet werden, deren Kurbelzapfen zwischen Null und 180 Grad versetzt sind. Beispielsweise erreicht man durch einen Versatz von 90 Grad den Zündabstand eines Zweizylinder-V-Motors mit 90°-Zylinderwinkel und dessen Klang, allerdings ergeben sich Rundlaufprobleme bei niedrigen Drehzahlen. Aktuelle Beispiele sind die Yamaha-Modelle MT-07, TDM und TRX, Hondas CRF1000L Africa Twin sowie die NC-Baureihe von Honda und die Zweizylindermotoren der BMW-Motorroller C 650 Sport und GT. Der Motor der Husqvarna Nuda 900 zeigt einen Hubzapfenversatz von 45 Grad, was einem V2-Motor mit 45°-Zylinderwinkel entspricht.

Frei geboxt

Beim Boxermotor liegen sich die Zylinder gegenüber, die Pleuel sind auf zwei um 180 Grad versetzte Hubzapfen angeordnet. Die beiden Kolben bewegen sich gegenläufig, sind also spiegelverkehrt in der gleichen Position, beispielsweise beide im oberen Totpunkt. Die Vorteile eines Boxermotors gegenüber einem Reihen- oder V-Motor sind die höhere Laufruhe durch besseren Ausgleich der Trägheitskräfte, geringere mechanische Beanspruchungen, weniger rotierende Massen durch die kürzere Kurbelwelle und die flache Bauform, die einen tieferen und damit handlingfreundlichen Gesamtschwerpunkt mit sich bringt. Ein Boxermotor zeichnet sich durch kräftige Drehmomentabgabe im unteren und mittleren Drehzahlbereich aus, bei den Drehzahlen ist er limitiert.

Nachteilig ist die größere Anzahl an Bauteilen und Fertigungsstufen, was die Produktion verteuert. Auch die größere Baubreite kann ein Nachteil sein, gleichzeitig erlauben die herausstehenden Zylinder eine optimale Kühlung durch den Fahrtwind und erleichtern die Zugänglichkeit für Reparatur- und Wartungsarbeiten. Durch die ausschließliche Einbaulage mit längs zur Fahrtrichtung liegender Kurbelwelle bietet sich der Kraftabtrieb per Kardanwelle an, da die Motorkraft direkt eingeleitet werden kann, eine Umlenkung ist nicht erforderlich. Beim Gasgeben im Stand und bei niedrigen Drehzahlen macht sich das Kippmoment der rotierenden Kurbelwelle durch ein leichtes Schütteln bemerkbar.

Der erste Boxermotor kam von Douglas (1910), der stückzahlenmäßig große Einsatz war aber ab 1923 BMW vorbehalten. Das erste serienmäßige BMW Motorrad mit Boxermotor war die BMW R 32, heute steht der Zweizylinderboxer synonym für BMW – kein anderer Hersteller verwendet diese Bauform.

BMW-Zweiventil-Boxer R 75/5.

Harley verbaute den ersten 45-Grad-Vau schon 1909.

Variabel gewinkelt

Bei einem V-Motor sind die beiden Zylinder in einem bestimmten Winkel zueinander angeordnet, die über die Leistungsentfaltung und die Massenkräfte entscheiden. Die unregelmäßige Zündfolge sorgt in allen Konstruktionen für eine besonders charakteristische Auspuffnote. Man unterscheidet echte und unechte Vau-Motoren: Bei den „echten" sitzen beide Pleuel auf einem Hubzapfen, siehe Harley-Davidson. Bei unechten V-Twins arbeiten die beiden Pleuel auf zwei gegeneinander versetzten Hubzapfen.

Bekanntester Vau-Vertreter dürfte der V-Motor von Harley-Davidson sein, ein 45°-Vau, den die Amis erstmals 1909 verbauten. Technisch ist diese Konfiguration aber alles andere als ideal: Massenkräfte bewirken, dass der Motor über den gesamten Drehzahlbereich vibriert und nur schlecht rund läuft. Das kreiert den markanten, ungleichmäßigen potato-potato-Auspuffsound, an dem man eine Harley schon mit dem Gehör erkennt, und die good vibrations, die als uriger Motorcharakter gedeutet werden. Allerdings ist die Leistungsausbeute nur bescheiden, weshalb er in Cruisern und Choppern eingesetzt wird. Seine Vorteile sind die äußerst kompakte Konstruktion und die Wartungsfreundlichkeit.

90-Grad-Vau-Motor von Ducati

Nur unwesentlich breiter gespreizt sind die Zylinder bei Yamahas MT-01 mit 48 Grad, 50 Grad fanden sich bei den mittlerweile abgelebten Victory-Modellen. Der nächstgrößere im Motorradbau verwendete Zylinderwinkel beträgt 52 Grad, stellvertretend seien die Honda Transalp und NTV 650 genannt. 54 Grad wies der Suzuki-Chopper Intruder 1800 auf, Kawasakis VN-Eisen zeigten Motoren mit 55 Grad Zylinderwinkel. Je weiter gespreizt, desto sportlicher: Ein Motor mit 60 Grad Zylinderwinkel findet sich seit 2001 bei Harley-Davidson mit dem flüssigkeitsgekühlten Revolution-Motor der V-Rod, auch Aprilias RSV Mille hatte den gleichen Winkel zu bieten. Mit einem eigenständigen 72°-Vau-Motor kamen die französischen Voxan-Modelle, dieser Kompromiss fand jedoch zu wenig Anklang. Im Gegensatz zum 75°-Vau, den KTM aktuell in zahlreichen Modellen verbaut und damit echte Höchstleistungen auf die Straße zaubert.

Typischer Vau-Mann

Noch wichtiger und weit verbreitet sind Zweizylinder-Vau-Motoren mit 90 Grad Zylinderwinkel. Diese bieten einen ausgezeichneten Massenausgleich für eine hohe Laufruhe, sind hochbelastbar und leistungsstark, dabei vergleichsweise leicht. Mit quer zur Fahrtrichtung liegender Kurbelwelle ist der Motor trotz Flüssigkeitskühlung vergleichsweise schmal. Nachteile sind der hohe Fertigungsaufwand, weil viele Teile zweimal benötigt werden, und die nur mäßige Wartungsfreundlichkeit. Typischerweise kommen 90°-Vau-Motoren bei Sportmotorrädern zum Einsatz wie bei Ducati, hier jedoch zusätzlich nach vorn geneigt eingebaut, um die Baulänge zu reduzieren.

Eine Sonderform des 90°-Vau-Motors findet sich bei Moto Guzzi: Hier ist der Motor mit längs zur Fahrtrichtung liegender Kurbelwelle eingebaut, die rechts und links aus der Silhouette hervorstehenden Zylinder sind ein echtes Alleinstellungsmerkmal der Modelle vom Comer See. Dem guten Masseausgleich und niedrigen Schwerpunkt steht die große Bauhöhe entgegen, außerdem schwanken Guzzis bei Lastwechseln stark um die Längsachse.

Triples

Das Beste zwischen zwei und vier

Den Dreizylinder kennen wir im Serienmotorradbau ausschließlich als Reihenmotor. Der Drilling ist kein schlechter Kompromiss, denn er vereinigt einige Vorteile von Zwei- und Vierzylindermotoren: Laufruhe und Leistungsfähigkeit sind besser als bei Zweizylindern, Herstellungskosten, Dimensionen und Gewicht liegen unter denen eines wie auch immer konfigurierten Viererpacks, emotional sorgt der typisch-kehlige Auspuffsound für Wohlgefallen. Bei Motorrädern gab es Reihendreizylinder-Viertaktmotoren schon Anfang der 1970er-Jahre mit der Triumph Trident 750 von 1969 oder der Laverda 1000, ab Mitte der 1970er-Jahre kam Yamaha mit der XS 750 und Kardanantrieb, BMW folgte zwischen 1985 und 1996 mit der K 75. Durchschlagenden Erfolg hatte jedoch keines der Modelle.

Flotte Dreier liegen im Trend

Ganz anders sieht das heute aus: Nachdem das neue Triumph den Triple in zahlreichen Modellen wieder salonfähig gemacht hat und beispielsweise in der kultigen Speed Triple und der dicken Rocket III das Potenzial des Dreizylinders eindrucksvoll nachgewiesen hat, sind auch MV Agusta und Yamaha auf den Geschmack gekommen – und mit ihnen die vielen Motorradliebhaber.

Triumphs Drilling verbindet Druck und Drehfreude.

Fours

60

V, Reihe und noch mehr

Reihenvierzylinder galten lange Zeit als das Nonplusultra der Motorenentwicklung, zumindest haben die japanischen Superbikes der 1980er- und 1990er-Jahre diesen Ruf aufgebaut. Nicht zuletzt deshalb sind Vierzylinder heute zumeist als Reihenmotor, seltener als V- oder Boxermotor verbaut. Aber auch, weil kein anderer Motor bessere Voraussetzungen für ein hohes Leistungspotenzial mit sich bringt: kurze Ansaugwege, wenig bewegte Bauteile, ein kompakter Zylinderblock. Daneben sind Laufruhe durch den guten Massenausgleich und hohe Drehzahlfestigkeit seine Stärken. Die konstruktiven Nachteile Baubreite und Gewicht können moderne Materialien teilweise wettmachen, auf den geräuschdämmenden und hitzeabführenden Wassermantel kann in heutigen Zeiten allerdings nicht verzichtet werden – sofern eine gewisse Leistungsausbeute angestrebt wird. Für moderne vollverkleidete Supersportler ist der Reihenvierzylinder seit jeher die erste Wahl, von der Suzuki GSX-R 750 bis zur Honda Fireblade, Kawasaki ZX-10RR und Yamaha YZF-R1.

Nackt ist schick

Als Reminiszenz an die eigenen Wurzeln dürfen unverkleidete japanische Motorräder mit Reihenvierzylinder vom Schlage Yamaha XJR 1200 und 1300 über Suzuki GSX 1100 und 1400, Kawasaki ZRX 1000 bis zur Honda CB 1000 und CB 1100 betrachtet werden. Hierbei geht es nicht um das Leistungsoptimum, sondern um ein vollfettes Drehmoment und den teils mit Kühlrippen verschönerten Anblick des Motorblocks. Die meisten Vertreter dieser Art sind jedoch den scharfen Abgasgrenzwerten zum Opfer gefallen, einzig die Honda CB 1100 trotzt mit ihrem luft-ölgekühlten Antrieb der Regelungsmanie.

Finesse mit V

Ein Fest für technikorientierte Feingeister war der Vierzylinder-V-Motor schon immer. Seine ausgeprägte Laufkultur, die schmale Bauweise und der unverkennbare Sound in Verbindung mit kleinen, sehr hohe Drehzahlen ermöglichenden Einzelhubräumen stellt seit jeher eine reizvolle Kombination dar. Allerdings erfordert dieser technische Leckerbissen einen hohen Aufwand, bei der Konstruktion beispielsweise mit einem ausgeklügelten Ventiltrieb und der Wartung. Längs eingebaute V-Vierzylinder gibt es nur noch ganz selten, Hondas Maxitourer Pan-European war ein solches Modell, bei dem die Pleuel auf einem Hubzapfen sitzen. Der quer eingebaute V4 ist die Domäne von Honda. Die Japaner haben das Konzept mit 90 Grad Zylinderwinkel seit mehr als 30 Jahren entwickelt und gepflegt wie kein anderer: Mit der NR 500 als erstem V4-Racer kehrte Honda 1979 in den GP-Sport zurück. Das erste Serienbike war 1982 die unverkleidete VF 750 S, ihr folgten die VF 750 F und die auch als RC 30 zu Weltruhm gelangte VFR 750 R. Den großen Erfolg dieses Motorkonzepts läutete aber erst die VFR 750 F ein, die „V-Four Road". Seit 1986 gilt sie als Musterbeispiel für Fahrverhalten, Verarbeitungsqualität und Haltbarkeit. Noch edlere Honda-V4-Modelle waren die NR 750 mit Ovalkolben, im Rennsport und als limitiertes Sondermodell aufgelegt, und die RC212V als MotoGP-Renner. Marc Márquez wurde 2013 mit einer furiosen RC213V jüngster MotoGP-Weltmeister aller Zeiten. Von der Maschine gab es einen limitierten straßenlegalen Ableger, die RC213V-S.

Ein anderes legendäres V4-Modell stammt aus dem Hause Yamaha: Die über Generationen faszinierende Vmax mit 65 Grad Zylinderwinkel als das Dragbike der Motorradhistorie. Jüngst hat auch die Technikschmiede Aprilia den V4 für sich entdeckt und befeuert damit die Spitzenmodelle RSV 4 und Tuono V4.

Reihenvierer typisch japanischer Machart in Suzukis GS750

Fünfzylinder

61

Warum eigentlich nicht?

Motorräder mit fünf Zylindern sind eine echte Rarität und stammen aus den Versuchsjahren der Motorradentwicklung. Eines der wenigen äußerst seltenen Motorenkonzepte datiert daher noch von 1892 mit der legendären Millet, deren fünf Zylinder als Umlaufmotor radial im Hinterrad angebracht waren. Die Pleuelstangen griffen direkt auf die festliegende Kurbel der hohlgebohrten Hinterachse. Berühmter ist die in München entwickelte Megola von 1921, die ihren fünfzylindrigen Umlaufmotor im Vorderrad sitzen hatte. Neben dem 14 PS starken Fünfzylinder tat sich die Megola vor allem durch ihre unkonventionelle Rahmenkonstruktion aus geschwungenen Stahlblechen hervor. Sie war exotisch, aber nicht unbedingt exklusiv: Zwischen 1921 und 1925 wurden etwa 2.000 Stück hergestellt.

Fünf ist Trümpf im Rennsport

Einen Fünfzylinder in Reihenkonstruktion entwickelte Honda für seine Rennabteilung. Unter dem Kürzel RC149 traten die Japaner von 1965 bis 1969 in der 125-cm^3-Klasse an. Der kleine Renner lieferte stolze 34 PS bei atemberaubenden wie ohrenbetäubenden 20.500 U/min. Ebenfalls fünf Zylinder hatte Hondas RC211V, die von 2002 bis 2006 in der MotoGP eingesetzt wurde. Allerdings in V-Bauweise, wie das Kürzel besagt: Die vordere Zylinderbank zeigt drei, die hintere zwei Zylinder. Diese Bauweise ermöglichte eine günstigere Massenzentrierung sowie einen gleichmäßigeren Drehmomentverlauf als ein Reihenmotor, was aber nur zum Teil Grund für die Überlegenheit der RC211V gewesen sein dürfte: Der junge Valentino Rossi dominierte mit seiner Honda die MotoGP-Klasse nach Belieben und gewann elf der 16 Läufe der Saison 2002.

Berühmte Megola mit Fünfzylinder-Sternmotor und Blechkarosse

Sechszylinder

Mit Sechs-Appeal als Boxer, Reihe und Vau

Der seidigen Laufruhe und dem gewaltigen, jederzeit souveränen Drehmoment eines Sechszylinders kann sich kein Motorradfahrer entziehen. Allerdings ist das Aufkommen trotz der hohen Faszination homöopathisch: Die Entwicklung ist kein Selbstläufer, es bedarf einer gehörigen Portion Expertise, und die Fertigung des Sixpacks ist aufwendig und teuer. Übrigens ungeachtet der jeweiligen Konstruktion, denn Sechszylinder gibt es im Motorradreich als Boxer-, Reihen-, reinrassigen V- und als VR-Motor.

Zuerst kamen Sechszylinder im Rennsport auf, wo das Experimentieren mit neuen Technologien wichtig und die finanziellen Mittel fast unerschöpflich waren. So entwickelte MV Agusta 1957 eine 500er-Sechszylinder-Maschine, 1966 und 1967 holte Mike Hailwood auf einer sechszylinder-Honda die Weltmeisterschaft.

Sei mutig

Bis zur Einführung in den Serienmotorradbau dauerte es aber noch ein paar Jahre. Erst 1975 traute sich Benelli mit der 750 Sei – treffenderweise bedeutet Sei auf Italienisch Sechs –, der 1978 die große 900 Sei nachfolgte. Im gleichen Jahr traten gleich zwei weitere Sixpacks ins Rampenlicht der Motorradbühne: Kawasakis Z 1300, als „King Kawasaki“ titulierter Koloss, und die Honda CBX mit dem vielleicht schönsten Auspuffkrümmer der Motorradgeschichte. Echte Verkaufsrenner waren beide nicht, dafür waren die Preise wie die Gewichte einfach zu hoch.

Dagegen kam 1988 ein boxender Meilenstein ins Rollen, der einen echten Kult begründete: Honda legte die vierte Generation des Luxustourers Gold Wing, die GL 1500, mit einem Sechszylinder-Boxermotor auf, der 2001 die GL 1800 nachfolgte.

2010 wiederholte sich die Duplizität der Ereignisse von 1978, denn wiederum betraten gleich zwei Neulinge mit Sechsappeal das abgesteckte Terrain: Während BMW seine Reihensechszylinder-Tourer K 1600 GT/GTL präsentierte, erweiterte die neue Augsburger Motorradmanufaktur Horex die Geschichte der Sechszylinder-Motorräder um ein technisch aufwendiges VR6-Aggregat, das in seinen Grundzügen aus dem Automobilbau stammt. Der 1200er-Motor soll dank Radialkompressor bis zu 200 PS leisten, allerdings ist die Umsetzung dieses ehrgeizigen Projekts bis heute nicht wirklich gelungen.

Achtzylinder

Von schlank bis bullig

63

Es hat nicht an Versuchen gemangelt, einen leibhaftigen Achtzylinder in ein Zweiradchassis einzubauen – und das schon in der Anfangszeit des Motorrads. Allerdings stehen der Aufwand eines solch komplizierten Antriebs und sein Nutzen in keinem Verhältnis, was man aber erst lernen musste. So verwundert es nicht, dass das erste Achtzylinder-Motorrad ein Rennmotorrad war: die V8 des amerikanischen Herstellers Curtiss, gebaut von 1906 bis 1907. Als Antrieb fungierte ein luftgekühlter V8-Motor mit 90 Grad Zylinderwinkel und vier Liter Hubraum, der seine gut 40 PS über eine Welle ans Hinterrad lieferte.

Gut 30 Jahre später tauchte in Italien mit der Galbusera V8 das weltweit einzige Motorrad mit Zweitakt-Achtzylindermotor auf. Allerdings ist die 1938 entwickelte Galbusera kein „echter" V8, denn hier wurden zwei V4-Motoren gekoppelt und das Viergang-Getriebe und die Kupplung dazwischengequetscht. Die beiden Kurbelwellen rotierten gegenläufig – technisch interessant, aber nicht marktfähig. Das Motorrad ging nie in Produktion.

Otto gibt Gas

Bekannter, auch erfolgreicher, war die Moto Guzzi V8. Die Schmiede vom Comer See setzte die bis zu 285 km/h schnelle „Otto Cilindri" von 1955 bis 1957 in der Motorrad-Weltmeisterschaft ein. Sie ist das einzige Motorrad mit Achtzylindermotor, das je an Motorradrennen teilnahm. Als echtes Serienmotorrad für eine gut betuchte Klientel hatte der frühere italienische Motorrad-Rennfahrer Giancarlo Morbidelli seine V8-Maschine 1994 konzipiert. Der längs eingebaute 90°-V-Achtzylinder mit 848 cm³ Hubraum war wassergekühlt und kam mit Vierventiltechnik auf gut 120 PS bei 11.000 U/min – ein maßstabsgetreu verkleinerter Formel-1-Motor von Cosworth. Das verunglückte Äußere und der doch horrende Preis von 60.000 Dollar ließen die Idee zum Flop werden.

Guzzis V8 im Museum

64

Wankel

(K)eine runde Sache

Felix Wankel hatte die Idee eines Motors, in dem die Kolben nicht auf und ab stampften, sondern sich drehten, schon vor dem Zweiten Weltkrieg. Er hatte bereits einen Vertrag mit BMW über den gleichnamigen Motor in der Tasche, doch das Projekt verschwand in der Schublade. Dabei schafft das Wankelprinzip aus geringem Bauvolumen und mit nur wenigen bewegten Teilen eine Menge Leistung bei gleichzeitig hoher Laufruhe und geringem Platzbedarf. Die Probleme sind konstruktiver Natur, die Abdichtung der Brennkammern ist immer problematisch, auch sind Verbrauch und Abgasverhalten ungünstig. Deshalb gab es nicht viele Fahrzeuge mit Wankelmotor, die bekanntesten sind der RO 80 von Audi-NSU und heute der Mazda RX-8.

Seltener Anblick

Die Wankel-Motorräder kann man an einer Hand abzählen. Einer der wenigen Motorenhersteller, die sich den Wankelmotor zutrauten, war Fichtel & Sachs. Hercules in Nürnberg sollte die Motoren bekommen, bereits 1969 nahm man die Entwicklung der W 2000 in Angriff, von der 1970 ein erster Prototyp auf der IFMA in Köln stand. 1974 ging die endgültige Version der Hercules W 2000 als erstes Wankel-Serienmotorrad in die Produktion. Das Einscheiben-Wankelmotorrad blieb bis 1979 auf der Verkaufsliste. Basierend auf dem Einscheiben-Wankel entwickelte Sachs gemeinsam mit Norton in England einen luftgekühlten Zweischeiben-Wankelmotor, der in der Norton Classic ab 1984 verbaut wurde. Die mutigen Briten bauten sogar ein erfolgreiches Sportmotorrad für die heimische Superbike-Meisterschaft und den straßenlegalen Ableger F1 mit 95 PS, der stets umlagert war, egal wo er anhielt. Als letzter Verfechter des Prinzips stellte Norton 1993 den Bau ein.

Die einzige Japanerin mit Wankelmotor ist auch die erfolgreichste: die Suzuki RE5, 1973 in Tokio und auf der IFMA 1974 präsentiert, gebaut bis ins Jahr 1975 und weithin erkennbar am ungewöhnlichen Cockpit, das als „Brotkasten“ oder „Botanisiertrommel“ in die Geschichte einging.

Japan-Wankel Suzuki RE5

Diesel

65 Selbstzünder mit zwei Rädern

Dieselmotor und Motorrad sind zwei Welten, die nicht miteinander harmonieren – und das nicht etwa wegen der Schummelsoftware, mit der so mancher Autohersteller das Thema verbaut hat. Der eine strahlt Gelassenheit aus, während das andere um Quirligkeit und Agilität bemüht ist – Dauerdruck gegen Höchstleistung könnte man auch sagen. Im Vergleich zum Ottomotor weist ein Dieselmotor einen unruhigeren Lauf und ein höheres Gewicht bei gleicher spezifischer Leistung auf. Deswegen fristet der Diesel im Motorrad nur ein Nischendasein. Dass es dennoch ein paar Exemplare gibt, ist findigen Bastlern und Enthusiasten zu verdanken. Der einzige Hersteller, der überhaupt ein Dieselmotorrad angeboten hat, war Royal Enfield. Auf Basis der Bullet mit getrenntem Motor- und Getriebegehäuse haben die Inder einen Einzylinder-Stationärmotor angeboten: die „Enfield Taurus" mit gerade mal 7 PS starkem Dieselmotor.

Sparsam und ruhig

Durchaus bekannt sind die Dieselmotorräder von Sommer, der einen Einzylinder-Dieselmotor des Herstellers Hatz in ein Motorrad-Fahrgestell einbaut. Der Hatz-Diesel schafft mit 11 PS eine Endgeschwindigkeit von 105 km/h, der Verbrauch wird mit rund 2,5 l Diesel auf 100 km angegeben. Moderner hat die Dieselmanufaktur Neander aus Kiel das Thema umgesetzt. Die Neander 1400 ist als Chopper-Version konzipiert und wird von einem Zweizylinder-Turbodieselmotor angetrieben, der aus einem Hubraum von 1.340 cm³ 112 PS und beeindruckende 214 Newtonmeter Drehmoment erlöst. Doch auch dieses Konzept ist von einer Umsetzung meilenweit entfernt.

Selten gesehener Dieselmotor im Motorrad-Fahrwerk

Auto-Motorrad

66

Pkw-Motoren im Zweirad

Die Idee, geeignete Automotoren in ein Motorrad-Fahrwerk zu verpflanzen, ist nicht wirklich neu und hat schon Generationen von Bastlern beflügelt. Dabei fällt einem sofort der begnadete Schrauber Friedel Münch ein, der das erste Big Bike baute, lange bevor japanische Motorradfirmen an Vierzylinder-Straßenbikes dachten: Als der hessische Kfz-Meister 1966 seine „Mammut“ vorstellte, stand die Fachwelt Kopf. Bis heute ist dieses außergewöhnliche Motorrad mit dem Vierzylinder-NSU-Automotor eine feste Größe in der deutschen Zweirad-Historie – des Exotenstatus wegen.

Brabbeln im Ami-Takt

Dem ambitionierten Heimwerkerstatus deutlich entwachsen zeigt sich die aktuell käufliche Version eines Motorrades mit Automotor, die – natürlich – aus den USA stammt: Boss Hoss Motorcycles heißt die amerikanische Achtzylinder-Monsterschmiede, die mit beeindruckender technologischer Kompetenz wohltönend brabbelnde Chevy-V8-Aggregate in Zweirad-Chassis einbaut. Dass die Freunde des großen Hubraums – alles ab 5,7 Liter aufwärts kann verbaut werden – keine Luftikusse sind, beweist die Zulassung der Fahrzeuge für den deutschen Straßenverkehr durch den allmächtigen TÜV. Einfach zu fahren sind die Dinger aber trotz 2-Gang-Semi-Automatik mit Rückwärtsgang nicht: Wenn 574 Newtonmeter Drehmoment eine Masse von 484 Kilogramm beschleunigen, bleibt kein Auge trocken.

Etwas exotischer ist die „Amazonas“, von 1978 bis 1990 in Brasilien gebaut. Wegen der Einfuhrbeschränkungen gab es in Brasilien lange Zeit nur Mopeds und Kleinmotorräder, also wurde zusammengebaut, was zu bekommen war. Die Firma Amazonas Motocicletas Especiais (AME) lieferte den zweirädrigen Klotz in drei Versionen als Zivil-, Militär- und Polizeimodell, den Vortrieb besorgte der Vierzylinder-Boxer des VW-Brasilia mit 1.584 cm^3 und 54 PS; die Polizei bekam 68 PS, um die bösen Buben jagen zu können.

Münch mit Doppelscheinwerfer

Voll unter Strom

67

Elektromotorräder

Das Zauberwort von der Elektromobilität ist im Motorradsektor noch nicht so richtig angekommen. Das liegt an den erzielbaren Reichweiten, den langen Ladezeiten und den hohen Einstiegskosten, die allesamt auf absehbare Zeit nicht dramatisch verbessert werden dürften. Auch das hohe Gewicht samt der fahrdynamisch problematischen Unterbringung der schweren Akkus spielt eine Rolle. Dass die Hersteller noch in der Probierphase sind, zeigt die große Bandbreite der Modelle, technischen Lösungen und Anbieter – es hat sich noch kein klarer E-Motorrad-Typus herauskristallisiert.

Aber es gibt schon eine spannungsgeladene Rennserie für die Stromer. So findet seit 2009 ein Straßenrennen für Elektromotorräder während der Tourist Trophy auf der Isle of Man statt, die TT Zero. Dabei fühlt man sich an die 1950er-Jahre erinnert, als die Motorradhersteller mit zahlreichen Prototypen auf der Suche nach dem optimalen Motorrad-Typus waren.

E-Dinos

Schon seit vielen Jahren in der Elektroszene unterwegs sind die US-amerikanischen Unternehmen Brammo – das jetzt zum Polaris-Konzern gehört – und Zero Motorcycles. Deren seit 2006 aufgelegte Elektro-

Zero hat bereits mehrere Modelle im Angebot.

Der große Akku-Pack dominiert das Elektromotorrad.

motorräder sehen wie traditionelle Motorräder aus. KTM hat mit der Freeride E und SM zwei Modelle im Programm, und sogar Harley-Davidson hat mit dem Project LifeWire fahrfertige Vorserienmotorräder unter Strom gesetzt. Ein besonderer Reiz des Elektroantriebs ist zugleich eine große Schwierigkeit: Mit Anlaufen des E-Motors steht das machtvolle Drehmomentmaximum unmittelbar zur Verfügung, wo ein Verbrennungsmotor erst einige tausend Kurbelwellenumdrehungen braucht – bei der Zero SR sind das gewaltige 144 Newtonmeter, die Harley schafft 70 Nm aus dem Stillstand. Deshalb muss ein elektronischer Motorcontroller domestizierend eingreifen. Dazu ergibt sich eine unglaublich direkte Kopplung von „Gashand" und Schub. Ein solch direktes Ansprechverhalten ohne störende Lastwechselreaktionen kann kein herkömmliches Motorrad bieten. Weil der E-Motor stets maximalen Schub liefert, sorgt er für einen gigantischen Durchzug bei mittleren Geschwindigkeiten. Oben drauf gibt's die ganz besondere Erfahrung, dass diese gewaltige Fahrdynamik gänzlich ohne Geräusche, Abgase und Vibrationen auskommt.

Obwohl sich die Zahl der Elektromotorräder auf Deutschlands Straßen seit 2010 auf knapp 5.600 Stück mehr als vervierfacht hat, wird sich die E-Mobilität nach Meinung der meisten Experten zuerst im urbanen Umfeld durchsetzen, und dort vermutlich zuerst im praxisorientierten Scooter-Sektor. BMW hat dafür mit dem C Evolution schon mal ein passendes Modell aufgelegt.

Triebtäter

Die Kraftübertragung

68

Achtung, jetzt wird's theoretisch! Beim herkömmlichen Motorrad-Ottomotor versetzt die Kraft der Verbrennung über die Kolben und die Pleuel die Kurbelwelle in eine Drehbewegung. Der Primärantrieb verbindet die Kurbelwelle über die Kupplung mit der Eingangswelle des Getriebes. Während heute fast ausschließlich Stirnräder zum Einsatz kommen, waren bis in die 1970er-Jahre Duplex- oder gar Triplex-Rollenketten gebräuchlich, die direkt zwischen Kurbelwelle und Kupplung installiert waren. Ist der Motor längs eingebaut wie beim BMW-Boxermotor oder Moto Guzzis 90°-Vau, kann die Kraft ohne Primärantrieb direkt auf die Kupplung übertragen werden.

Die Kupplung erlaubt eine Unterbrechung des Kraftflusses, um überhaupt anfahren zu können. Während der Fahrt erlaubt die gezogene Kupplung den Gangwechsel im Schaltgetriebe. Heute kommen verstärkt Anti-Hopping-Kupplungen zum Einsatz, auch Slipperclutch oder Rutschkupplung genannt. Diese aus dem Rennsport stammende Bauart reduziert das Rückdrehmoment des Motors beim Herunterschalten und verhindert so gefährliches Stempeln des Hinterrades bei schnellem Herunterschalten vor der Kurve.

Früher war die Kulissenschaltung am Tank gebräuchlich.

Dolmetscher für die Power

Das Getriebe übersetzt die von der Kurbelwelle gelieferte Drehzahl auf die Antriebsdrehzahl des Hinterrades. Den großen Durchbruch erlebte das Wechselgetriebe als separates Zahnradgetriebe mit Kupplung 1911, als drei Indians dank ihres Zweiganggetriebes die Senior-TT überlegen gewannen. Bis zum Zweiten Weltkrieg dominierten Zwei- und Dreiganggetriebe, vier Gänge hielt man für unnötigen Luxus. Erst ab 1950 waren Vierganggetriebe gebräuchlich, die prinzipiell genauso wie heute klauengeschaltet funktionieren. Es folgten die Fünfganggetriebe und die Sechser, bei denen der letzte Gang üblicherweise als Overdrive ausgelegt ist: Die letzte, auch als Schongang bezeichnete Gangstufe ist besonders lang übersetzt, um mit moderaten Drehzahlen eine gute Reisegeschwindigkeit zu ermöglichen und dabei Nerven, Sprit und Bauteile zu schonen. Motorrad-Schaltgetriebe sind der kompakten Bauform wegen nur als sequentielle Getriebe ausgeführt, man kann nur direkt in den nächsthöheren oder nächstniedrigeren Gang schalten; ein Überspringen von Gängen wie bei der H-Schaltung im Pkw ist nicht möglich.

Mit Hand und Fuß

Über die Bedienung des Getriebes war man sich lange uneins. Zwar hatten schon die berühmten Zweitakttwins von Alfred Angas Scott 1908 eine erste Fußschaltung, doch bis in die 1930er-Jahre wurde sie nur bei Zweiganggetrieben vereinzelt angewandt. Bis in die 1940er-Jahre war die Handschaltung mit Hebel am Tank weit verbreitet, die allerdings ein gehöriges Maß an Koordination verlangte: Links die Kupplung ziehen, dann die rechte Hand vom Lenker nehmen und den Gang einlegen, dann die Kupplung wieder kommen lassen. So etwas ist sehr riskant, geht es um Geschwindigkeit. Also erfand Harold Willis 1928 die Fußschaltung mit Ratschenmechanismus für sportliche Motorräder. Bei BMW setzte sich die Fußschaltung mit der R5 ab 1936 durch. Ab 1946 fand sich neu die Drehgriffschaltung bei kleineren Fahrzeugen wie der NSU Quick oder Victoria KS 125. Heute sieht man diese Betätigung nur noch bei der Vespa.

Moderne Schaltgetriebe werden auf der linken Seite mit dem Fuß bedient, der erste Gang geht nach unten, die anderen werden durch stufenweises Hochziehen des Schalthebels geschaltet. Der Schalthebel federt nach einem Schaltvorgang in die Mittellage zurück. Italienische und englische Motorräder hatten noch bis in die 1970er-Jahre die Schaltung auf der rechten Seite bei umgekehrtem Schaltschema: der erste Gang lag oben, alle weiteren Gänge wurden nach unten geschaltet.

Schalten und schalten lassen

Quickshifter und Doppelkupplungsgetriebe

69

Anglizismen sind im Motorradbereich unumgänglich, das haben wir schon an anderer Stelle ausgeführt. Für Quickshifter gilt das genauso wie für den Blipper, denn die deutsche Bezeichnung „Schaltautomat“ trifft nicht den Kern der Sache – automatisch schaltet es sich nicht damit. Aber schneller, wie die Übersetzung nahelegt: Die aus dem Motorradrennsport stammende Einrichtung ermöglicht es, bei voll geöffnetem Gasgriff, also unter voller Last, ohne Kupplungsbetätigung in den nächsthöheren Gang zu wechseln.

Assistent an der Stange

Ein zumeist am Schaltgestänge montierter Sensor erkennt den Wunsch des Hochschaltens, das Steuergerät unterbricht die Zündung für einige Millisekunden und nimmt dadurch die Last von den Getriebezahnrädern, was den schnellen Gangwechsel ohne Kuppeln und Schließen des Gasgriffs ermöglicht. Das spart nicht nur Zeit, sondern optimiert auch die Fahrstabilität, da der Gangwechsel ohne Zugkraftunterbrechung erfolgt. Schaltassistenten, die auch in umgekehrter Richtung funktionieren, also das Herunterschalten ohne Kupplung ermöglichen, heißen Blipper. Dafür greift auch dieses System auf die Daten des Schalthebelsensors zu. Im Bedarfsfall sendet das Steuergerät die entsprechenden Befehle an die elektronisch gesteuerten Drosselklappen, um erforderliches Zwischengas zu besorgen, mit dem ein Herunterschalten ohne Kupplung möglich wird. Dadurch können die Hände beim Anbremsen am Lenker bleiben.

Das Doppelkupplungsgetriebe

Im Automobilbau gibt es die automatisierten Schaltgetriebe mit Doppelkupplung schon lange, hier haben sie sich sogar schon im Rennsport breit gemacht. Bei den Motorrädern findet sich diese Technologie erst seit 2010, bislang ist die Dual Clutch Transmission (DCT) von Honda das einzige Doppelkupplungsgetriebe für Zweiräder. Nach dem Sporttourer VFR1200F kam die Mittelklasse-NC-Familie mit 700er-Reihenzweizylinder dran, aktuell rollt die Africa Twin mit DCT-Option an den Start.

Dabei wird Honda nicht müde zu betonen, dass das DCT kein Automatikgetriebe ist – stimmt, das DCT ist ein elektronisch gesteuertes Schaltgetriebe, mithin ein „echtes" Sechsganggetriebe, das seine Kraft über eine Kette ans Hinterrad liefert. Dem deutlich größeren Bauaufwand mit zwei unabhängigen Kupplungspaketen inklusive zwei Getriebeeingangswellen und zwei Ölbadkupplungen sowie eigenen elektro-hydraulischen Kreisläufen steht ein geschmeidiges, ohne Zugkraftverlust funktionierendes Schalterlebnis gegenüber. Ein Schaltvorgang dauert etwa 500 Millisekunden – das ist nur eine Winzigkeit länger als bei modernen Sportautos und vom Normalfahrer kaum zu unterbieten. Zum Anfahren erübrigt sich das Kupplungsspiel – einfach Gas geben, schon geht's los.

Für persönliche Vorlieben stehen drei Betriebsarten zur Wahl: Im manuellen Modus wird das Sechsganggetriebe über zwei Drucktasten an der linken Lenkerarmatur bedient, der Zeigefinger schaltet rauf, der Daumen runter. Für den vollautomatischen Modus stehen verschiedene Schaltweisen parat: Ein D-Modus für entspanntes, kraftstoffsparendes Fahren, während das sportliche S, in dem der Motor die Gänge weiter ausdreht und bei höheren Drehzahlen herunterschaltet, dreifach unterteilt ist. Über einen Abgleich von Drosselklappenöffnung, Fahrgeschwindigkeit, Motordrehzahl und dem eingelegten Gang erkennt das DCT darüber hinaus ein Gefälle oder eine Steigung und passt die Schaltweise entsprechend an: Bergauf bleibt das DCT in niedrigeren Gängen für sicheren Vortrieb, bergab schaltet es für mehr Motorbremse früher herunter.

Hoher Bauaufwand beim Honda DCT-Getriebe, hier bei der VFR1200F

Weltanschauung

70 Kette oder Kardan?

Geht es um den End- oder Sekundärantrieb, ist das Motorradvolk tief gespalten. Kette oder Kardan lautet die Frage, über die sich schon beste Freunde in die Wolle bekommen haben. Die simplen Kettenantriebe sind preiswert, leicht und schnell gewechselt, außerdem bieten sie die Möglichkeit, die Übersetzung durch andere Kettenräder und Ritzel einfach anpassen zu können. Dafür bedürfen sie der regelmäßigen Pflege in Form des Nachschmierens mit Kettenfett und Einstellen des Kettendurchhangs, auch die Verschmutzung durch abgeschleudertes Schmiermittel nervt. Eine Kette läuft außerdem vergleichsweise laut. Ab 1902 gab es Kettenantriebe, die sich aber nur sehr langsam durchsetzten. Den Siegeszug auch bei leistungsstarken Motorrädern trat die Kette erst seit 1976 an, als die Dichtringkette mit kleinen O-Ringen zwischen den Kettenlaschen die Haltbarkeit und Belastbarkeit deutlich erhöhten. Kettenantriebe bieten sich bei Motorrädern mit quer eingebauter Kurbelwelle an, siehe die japanischen Reihenvierzylinder und britischen Triples. Wegen der genannten Vorzüge kommen Sportmotorräder ausschließlich mit Kettenantrieb.

Tourers erste Wahl

Bei der Kardanwelle handelt es sich um eine Gelenkwellenkombination mit einem oder zwei Kreuzgelenken, die seit den 1950er-Jahren gekapselt in einem Schwingenholm läuft. Erst diese Bauart verschaffte der Kardanwelle die Wartungs- und Verschleißfreiheit gepaart mit hoher Betriebssicherheit und geräuscharmem Lauf. Nachteilig sind der große Bauaufwand und das damit höhere Gewicht sowie höhere Herstellungskosten und die durch Lastwechsel bedingten Aufstellmomente. Eine einseitige Momentabstützung der Schwinge wie beim BMW Paralever und Moto Guzzi mit CARC reduzieren diesen Effekt, der BMW den Beinamen „Gummi-Kuh“ ein-

Kardanantrieb bei BMW

Einarmschwinge mit Kettenantrieb bei Triumph

brachte: Bei der Vollschwingen-BMW ab 1955 hebt sich die Hinterradfederung beim Anfahren, und weil sich ein Hausrind üblicherweise mit dem Hinterteil zuerst erhebt, lag der Vergleich auf der Hand. Bei Motorrädern mit längs eingebautem Boxer- oder V-Motor stellt eine längs liegende Welle die einfachste Art der Kraftübertragung dar. Erst am Hinterrad wird über ein Kegelradgetriebe die Drehachse von längs nach quer umgelenkt, für den Längenausgleich bei Federbewegungen wird mindestens ein Kreuzgelenk benötigt. Motorräder mit quer liegender Kurbelwelle benötigen für einen Kardanantrieb zwei Kegelradsätze: neben dem am Hinterrad noch einen weiteren am Getriebeausgang wie bei der Yamaha V-Max und der Kawasaki Z 1300. Kardanantriebe bieten sich der Langlebigkeit wegen für Tourenmodelle an, sind in der Regel durch ein heulendes Laufgeräusch identifizierbar.

Übrigens sind die Wellenantriebe keine neue Erfindung, sondern fast genauso alt wie die Kette: Der erste serienmäßige Kardanantrieb kam 1903 von den belgischen FN-Werken.

FN mit erstem Kardanantrieb

Der dritte Weg

Zahnriemenantrieb

71

Der Ur-Antrieb schlechthin: Nach dem Direktantrieb kam bei Zweirädern sofort der Riemenantrieb zum Einsatz. Der Flachriemen ersparte anfangs die Kupplung, zum Anfahren wurde er einfach gelockert. Bei späteren Versionen gab es sogar „Getriebe“, also Übersetzungsänderungen, bei denen der Riemen auf eine andere Riemenschiebe mit größerem oder kleinerem Umfang umgeworfen wurde, aber auch stufenlose Versionen. Wegen der besseren Kraftübertragung ersetzten Keilriemen alsbald die Flachriemen, die noch bis in die 1920er-Jahre bei kleinen Motorrädern den Vortrieb besorgten.

Weg vom Fenster

Danach verschwand der Riemen als Sekundärantrieb von der Bildfläche, da er die steigenden Motorleistungen nicht mehr übertragen konnte. Erst 1979 tauchte er als Zahnriemen wieder aus der Versenkung auf und hat seitdem eine feste und immer größer werdende Fangemeinde um sich geschart, die weder mit Kette noch mit Kardan etwas am Hut hat: die Chopperfahrer. Die Freunde des moderaten Fortkommens schwören auf den Zahnriemenantrieb, seit Harley-Davidson diese Bauart 1979 für seine 1340er-Shovelhead Sturgis wiederentdeckt hatte und danach flächendeckend im gesamten Modellprogramm verwendete. Im Prinzip funktioniert der Zahnriemenantrieb wie die Kette, nur mit zwei Riemenscheiben. Gegenüber der Kette ist ein Riemen wesentlich wartungsärmer, besitzt eine längere Lebensdauer, ein Nachspannen ist viel seltener erforderlich, dazu läuft er leiser und braucht nicht geschmiert zu werden. Allerdings benötigt er viel Bauraum – vor allem wegen der großen hinteren Riemenscheibe – und der Austausch ist umständlich, dazu reagiert er empfindlicher auf Temperaturschwankungen und mechanische Einflüsse wie Verdrehen oder Knicken.

Leiser Zahnriemenantrieb

Starrsinn

72

Alles im Rahmen

Dass das Fahrgestell des Daimler Reitwagens aus guter deutscher Eiche geschnitzt war, passt zur hemdsärmeligen Version eines motorisierten Fahrzeugs Ende des 19. Jahrhunderts. Doch schon das erste Serienmotorrad, die Hildebrand & Wolfmüller, trug einen dreidimensionalen Verbund aus Stahlrohr. In der Anfangszeit orientierten sich sämtliche Chassis-Konstruktionen am Fahrrad und seinem Rohrrahmen, hatten dazu weder vorn noch hinten eine Federung. Mit diesen starren Konstruktionen war das Überwinden der schlaglochübersäten Landstraßen ein ebenso rückenmordendes Abenteuer wie es die Fahrt durch die Städte mit ihrem Kopfsteinpflaster war.

Bis in die 1930er-Jahre dominierten die sogenannten „Starrrahmen", bei denen die Hinterachse fest mit dem Rahmen verschraubt war. Ohne hintere Federung konnten Fahrbahnunebenheiten nur vom Reifen oder dem gesamten Motorrad aufgenommen werden, was den Fahrkomfort und die Sicherheit beeinträchtigte, die gesamte Konstruktion stark belastete. Die Erfindung des Schwingsattels verbesserte den Fahrkomfort, die ungefederten Massen blieben allerdings hoch. Starrrahmen kommen heute noch aus optischen Gründen bei Choppern zum Einsatz, die Anmutung wird aber auch imitiert wie bei der Softail-Baureihe von Harley-Davidson oder der Triumph Bobber.

Stabiler Hingucker

Erst der Einsatz von gefederten Radaufhängungen an der Front ab 1904 und am Heck ab 1913 ermöglichte die Weiterentwicklung der Motorradrahmen. Heute sind die einfachen und preisgünstigen Ein- und Doppelschleifen-Stahlrohrrahmen besonders häufig, ein Augenschmaus sind dagegen die deutlich steiferen Gitter-Stahlrohrrahmen beispielsweise von Ducati, KTM und MV Agusta. Im Supersportsektor dominieren Brückenrahmen aus Leichtmetall, die den Motor als tragendes Element integrieren. Aluminium ist leichter und steifer, ist aber auch teurer und die Verarbeitung aufwendiger.

Die höchste Entwicklungsstufe im Serienbau repräsentieren ganz aktuell Motoräder mit Karbon-Hauptrahmen in Monocoque-Bauweise wie die BMW HP4 Race und Ducati Superleggera. Diese flächige, durchgehende Konstruktion wird in aufwendiger Handarbeit hergestellt, die sündhaft teuren und ebenso leichten Kohlefaserlaminat-Rahmen erlauben ein äußerst präzises Steifigkeits- wie Biegeverhalten bei minimalem Gewicht.

Komfortabel

73

Gefederte Fahrwerke

Grob gesagt handelt es sich bei gefederten Fahrwerken um einen starren Hauptrahmen, an dem vorn wie hinten Radaufhängungen befestigt sind, die die Auf- und Abbewegungen der Laufräder abfedern und im günstigen Fall auch dämpfen. War es der sprudelnde Erfindergeist des 20. Jahrhunderts oder doch eher die malträtierten Hinterteile, die erste gefederte Radaufhängungen ab 1904 entstehen ließen? Man weiß es nicht genau. Sicher ist dagegen, dass sich die gefederten Fahrwerke ab den 1950er-Jahren mit Macht durchgesetzt haben. Warum nicht früher, wo es doch schon fast ein halbes Jahrhundert vorher die ersten Ideen dazu gab? Das Problem war die Dämpfung: Die frühen Motorradfederungen kamen komplett ohne Schwingungsdämpfung, in der Regel übernahmen schwere Blattfedern die Federarbeit. Wer damit eine Bodenunebenheit überfuhr, sah sich Bewegungen wie bei einem Jojo ausgesetzt – die Ein- und Ausfederbewegungen wurden nicht gehemmt (= gedämpft), was grundsätzlich nicht ungefährlich ist. Allerdings waren die frühen Federwege sehr knapp gewählt, ein Aufschaukeln kaum möglich, zudem waren die Reibungskräfte in den Radaufhängungen selbst so groß, dass sie stark dämpfend wirkten.

Als die Gelenke der Aufhängungen ab Ende der 1920er-Jahre selbst reibungsärmer wurden, kamen einige Hersteller auf die Idee, diese Reibung über einen externen Dämpfer wieder einzuführen und in der Wirkung einstellbar zu machen.

Gefedert und gedämpft

Erst nach dem Zweiten Weltkrieg setzten sich Federelemente mit hydraulischer Dämpfung durch, besser als Stoßdämpfer bekannt. Die Ein- und Ausfederbewegungen werden durch Öl gedämpft, das bei den Be-

Notbehelf

In Zeiten, als es noch keine Federelemente gab, wurde der Fahrer über einen Schwingsattel von den Fahrwerksbewegungen entkoppelt. Da diese zwar gefedert waren, aber ohne Dämpfung auskamen, hüpften die Piloten auf holprigem Untergrund wie ein Jojo auf und ab.

Trapezgabel mit Feder und einstellbaren Reibdämpfern

wegungen durch verschiedene Öffnungen gepresst wird und dadurch die Geschwindigkeit dieser Bewegungen verlangsamt, also dämpft. Die heutigen hochspezialisierten Motorräder sind für die jeweiligen Einsatzzwecke mit entsprechend ausgelegten Fahrwerken versehen: Grob gesagt benötigen Geländemotorräder lange Federwege und eine satte Dämpfung für gute Bodenfreiheit und Geländegängigkeit, Chopper sind durch kurze Federwege gekennzeichnet, bei Straßen- und Supersportmotorrädern haben sich Federwege von 120 bis 130 Millimetern als optimal herauskristallisiert. Üblicherweise lassen sich einstellbare Fahrwerke mannigfach justieren: Die Federvorspannung beeinflusst den Negativfederweg (Ausfederweg) und somit das Niveau der Maschine. Sie verändert also die Ausgangslage des Federvorgangs und die Anteile von Negativ- und Positivfederweg, in einem bestimmten Bereich kann sie dem Fahrergewicht angepasst werden. Leichte Fahrer benötigen weniger Vorspannung, wer mit Gepäck und Sozius unterwegs ist, braucht mehr.

Stufenreich

Die Einfederbewegungen werden durch die Druckstufendämpfung gedämpft, die somit die Einfedergeschwindigkeit reduziert und dadurch unter anderem verhindert, dass die Gabel beim Bremsen zu schnell oder zu weit eintaucht. Für die Ausfederbewegungen ist die Zugstufendämpfung zuständig, die der Federkraft und damit der Ausfedergeschwindigkeit entgegenwirkt. Dies verhindert, dass sich die beim Einfedern gespeicherte Energie schlagartig entlädt.

Gabelfrühstück

Von Teleskopgabel bis Telelever

74

Bei der Vorderradaufhängung des Motorrades haben die Ingenieure eine erstaunliche Kreativität entwickelt. Schließlich gilt es nicht nur, das Vorderrad mit dem Rest des Motorrades zu verbinden, sondern auch die Federbewegungen aufzunehmen und – ganz wichtig – die Lenkkräfte zu übertragen. Bis 1904 waren alle Vorderradaufhängungen an Motorrädern ungefedert, ab 1907 wurden gefederte Konstruktionen zunehmend üblich.

Bis 1935 waren Schwingen üblich, die als geschobene und gezogene Kurzschwinge verbaut wurden. Heutzutage kommen Schwingen noch als gezogene Kurzschwinge bei kleinmotorisierten Fahrzeugen wie der Vespa oder als halblange geschobene Schwinge bei Motorradgespannen zum Einsatz.

Zwei Arme fürs Vorderrad

Motorradgabeln, also zweiarmig ausgeführte Aufhängungen, gab es bereits 1905 als Federgabel oder Blattfedergabel, ebenso als Pendel- oder Trapezgabel, die bis in die 1950er-Jahre verbaut wurden. Den Durchbruch schaffte die hydraulische Teleskopgabel als Vorderradführung in der

Telelever als Vorderradführung – der bayerische Weg

BMW R 5 von 1935, bei der die beiden Gabelholme wie beim Teleskop ineinander gleiten. Ausschlaggebend für den Erfolg war die in einem Bauteil integrierte Federung und Dämpfung.

Bei der seit 1960 klassischen Bauform nimmt die Gabelbrücke am Lenkkopf die Tauchrohre auf. Diese gleiten in die unten liegenden Standrohre, die Radachse und Bremse tragen. Die umgekehrte Bauweise mit untenliegenden inneren Rohren, die die Achse tragen, und äußeren Rohren mit dem größeren Durchmesser in den Gabelbrücken heißt Upside-Down-Gabel, im Englischen passend als Inverted Fork bezeichnet. Vorteile gegenüber der klassischen Telegabel sind die geringeren ungefederten Massen und die höhere Biegesteifigkeit bei allerdings höherem Gesamtgewicht und teurerer Herstellung.

Insellösungen aus Bayern

Die Bayern von BMW tüftelten 1993 eine eigene Vorderradführung aus mit Namen Telelever. Dieser besteht aus einer speziellen Teleskopgabel, einem Längslenker und einem Federbein. Hierbei ist die Teleskopgabel nur für die Vorderradführung und Lenkung zuständig, enthält keine Federn und arbeitet nicht als Stoßdämpfer – diesen Job übernimmt das mittige kleine Federbein. Die Vorteile sind eine hohe Stabilität und geringes Eintauchen beim Bremsen, wobei sich durch einen leicht verlängerten Nachlauf mehr Bremsstabilität ergibt. Dem stehen die aufwendige Konstruktion und das vergleichsweise hohe Gewicht gegenüber, außerdem kritisieren sportliche Naturen die mangelnde Rückmeldung vom Vorderrad.

Ein Jahrzehnt später brachte BMW den Duolever in der K 1200 S, bei dem ein Radträger mit zwei Längslenkern ein Viergelenk-Getriebe bildet, sich die beiden Längslenker am Rahmen abstützen. Die Federung übernimmt ein zentrales Federbein zwischen unterem Längslenker und Rahmen. Damit übernahm BMW das Prinzip der 1980 erfundenen Hossack-Gabel.

Während diese Vorderradführungen allesamt über den Steuerkopf lenken, stellt die Achsschenkellenkung eine eigenwillige und wenig gebräuchliche Art der Vorderradführung dar. Die bekannteste Achsschenkellenkung fand sich an der Yamaha GTS 1000 A, bei der ein unterer Längslenker in Höhe der Radachse die auftretenden Kräfte, ein zweiter oberer Längslenker mit Kugelgelenk die Steuerbewegung überträgt. Das Federbein greift am unteren Längslenker an und stützt sich am Rahmen ab. Zum Flop geriet die GTS, weil der theoretische Vorteil der Achsschenkellenkung im Fahrversuch nicht zu erkennen war.

Wandelbar

Semiaktive Fahrwerke

75

Der letzte Schrei im Fahrwerksektor sind semiaktive Fahrwerke, die selbsttätig auf Änderungen von Fahrzustand und Fahrbahnbeschaffenheit reagieren. Davon konnte man vor einem Jahrzehnt nur träumen, als herkömmliche Federelemente mit Schraubendreher und Hakenschlüssel in Dämpfung und Vorspannung zu justieren waren – sofern Einstellmöglichkeiten überhaupt vorhanden waren. Dabei mussten die eingestellten Werte dann für alles passen, vom Autobahn-Flüsterasphalt bis zum City-Kopfsteinpflaster, von der Hetzrunde über die Hausstrecke bis zur Bummeltour an den Baggersee. Insofern stellte die Abstimmung dieser Fahrwerke immer nur einen Kompromiss dar.

Mit Berechnung

Beim semiaktiven Fahrwerk sorgt hingegen eine elektronische Steuerung dafür, dass die Dämpfung während der Fahrt permanent nahezu in Echtzeit an Fahrstil, Fahrsituation und Straßenbelag angepasst wird. Die Federelemente messen über die integrierte Sensorik in Millisekunden die Geschwindigkeit des Federns und den zurückgelegten Federweg. Über den Abgleich eines Ist- mit dem hinterlegten Sollwert regelt die Steuereinheit die Dämpfung von Gabel und Stoßdämpfer, also wie das elektromagnetische Regelventil die Zug- oder Druckstufendämpfung beeinflusst – je schneller das Einfedern erfolgt, desto härter reagiert die Dämpfung.

Innenleben eines Gabelholms

Der Eingriff erfolgt auf Grundlage von Kennfeldern, die im System hinterlegt sind. In der Regel stehen dem Fahrer verschiedene Grundabstimmungen für die Dämpfungscharakteristik zur Verfügung, beispielsweise „Komfort“, „Street“ oder „Sport“; je sportlicher

Elektronische Ansteuerung der Gabelholme einer Honda Fireblade

das gewählte Setting, desto straffer fällt die Dämpfer-Grundabstimmung aus. Dazu kann er den Beladungszustand vorwählen.

Noch feiner reagieren elektronische semiaktive Fahrwerkssysteme, die zusätzlich mit Daten aus der Sensorbox gefüttert werden – beispielsweise Raddrehzahl, Federwege, Gasgriffstellung, Schräglage und Bremskraft erfassen. Hierbei werden die Federelemente vorn und hinten getrennt in Zug- und Druckstufe angesteuert für das optimale Setting in diversen Fahrsituationen wie Bremsen, Beschleunigen, aber auch fürs Kurvenfahren.

Sauber und einfach

Die Vorteile liegen auf der Hand: Mit ein paar gedrückten Tasten lässt sich auch ohne besonderes Fahrwerks-Knowhow schnell das Optimum aus dem Fahrwerk herausholen. Besonders vorteilhaft für alle, die oft mit viel Gepäck und Sozius unterwegs sind. Nicht zuletzt bringt das Dynamic ESA auch ein Plus an Fahrsicherheit, da eine passende Abstimmung das Bremsverhalten spürbar unterstützt und zu kürzeren Bremswegen führt. Außerdem braucht sich niemand mehr die Finger schmutzig zu machen, wenn er die Dämpfung oder Federvorspannung einstellen möchte.

Negative Beschleunigung

Bremsen muss sein

76

Was für ein Wahnwitz: Die ersten Motorfahrräder konnten nicht gezielt anhalten, weil es keine Bremsen gab. Die Hildebrand & Wolfmüller von 1894 hatte noch einen Sporn als Bremsanker, die Motorradbremsen stammten alle aus dem Fahrradbau, um 1895 wurden die ersten Klotz- und Felgenbremsen verbaut. Doch noch bis in die 1920er-Jahre war die Vorderbremse bei Serien- wie Rennmotorrädern die Ausnahme. Mitte der 1920er-Jahre kam die aus dem Auto übernommene Innenbackenbremse in den Motorradbau, und schon 1929 waren die meisten Motorräder damit vorn und hinten versehen.

Bis in die 1950er-Jahre blieb die Innenbackentrommelbremse aus Stahlblech der Standard. Ab 1952 kam die Duplexbremse bei leistungsstärkeren Modellen zum Einsatz mit je einem Bremsnocken für jede Bremsbacke, gefolgt von Duo-Duplexbremsen mit vier auflaufenden Bremsbacken, mit denen man den immer schneller werdenden Motorrädern Herr werden wollte.

Scheibchenweise verbessert

1965 erschienen erste Rennmotorräder mit hydraulischer Scheibenbremse, den Durchbruch feierte die hydraulische Scheibenbremse aber erst 1969 in der Honda CB 750 Four. Schon im Jahr 1972 folgte die beidseitige Scheibenbremse in der brachialen Kawasaki 900 Z1, kurz darauf kamen gelochte und geschlitzte Bremsscheiben, Doppelkolben-Schwimmsattelzangen und Vierkolben-Festsattelzangen.

ABS hilft besonders beim Bremsen auf nassem Untergrund.

Schließlich kam es auch zur Übernahme eines Sicherheitsmerkmals, das aus dem Pkw schon seit Jahrzehnten nicht mehr wegzudenken ist: das Antiblockiersystem. 1988, als mit BMW der erste Motorradhersteller ein ABS als aufpreispflichtiges Extra für die K 100-Modelle einführte, war diese Technologie unter Motorradfahrern noch verpönt. Zwei Jahre später rüstete Yamaha den Tourer FJ 1200 als erstes Japan-Bike mit ABS aus, wiederum ein Jahr später kam Honda mit der Pan European und ABS. Akzeptanz und Verbreitung sind vom Motorradfahrer-Typ abhängig – unter Tourenfreunden gehörte das ABS schon früh zum guten Ton, Naked-Bike-Fahrer finden's okay und selbst Chopperfahrer sind dafür. Sportler tun sich am schwersten mit dem Blockierverhinderer, was an den Anfängen lag: Die ersten Systeme regelten in der Tat noch sehr grob und gute Rennfahrer konnten bei vergleichenden Bremsungen die Technik teilweise deutlich schlagen.

Radial montierter Vierkolben-Festsattel für höchste Bremseffektivität.

Theorie und Praxis

Diese Tests haben jedoch auch schon damals nicht die Realität widergespiegelt: Ein ABS hilft vor allem bei plötzlichen Schreckbremsungen, ungünstigen Witterungsbedingungen und reibungsarmen Untergründen, indem es die Sturzgefahr durch ein blockierendes Vorderrad mindert. Heutzutage sind die Systeme so weit fortgeschritten, dass es sogar passable Versionen für die Rennstrecke gibt.

Hier gilt es einen häufigen Irrtum aufzuklären: Anders als beim Pkw, wo ein ABS trotz Vollbremsung das Lenken ermöglicht, sind beim Motorrad keine Richtungswechsel drin. Auch das neue „Schräglagen-ABS", das über einen Gyrosensor die jeweilige Schräglage in die Kalkulation der Bremskraft mit einbezieht, ist in dieser Hinsicht eingeschränkt.

Doch um ein ABS überhaupt optimal einsetzen zu können, bedarf es einer gehörigen Portion Überwindung, im Notfall den Bremshebel voll zu ziehen und sich komplett der Technik anzuvertrauen – man schätzt, dass lediglich 60 bis 70 Prozent aller Fahrer ihr ABS überhaupt ausnutzen. Gute Technik allein sichert keine kurzen Anhaltewege. Motorradfahrer müssen auch in der Lage sein, das Potenzial der Stopper abzurufen. Und das geht nur durch beständiges Üben. Seit 2016 ist für neue Motorräder ab 125 cm^3 Hubraum innerhalb der Europäischen Union das ABS vorgeschrieben, für Leichtkrafträder mindestens eine Verbundbremse.

Heinzelmännchen

77 Elektronische Assistenzsysteme

Was würden wir ohne die Errungenschaften der modernen Elektronik bloß machen? Auf jeden Fall bewusster durch die Gegend gondeln, denn die elektronischen Helferlein putzen so manchen unbedachten Fahrfehler großzügig aus. Vorreiter in Sachen Bordelektronik ist natürlich die Automobilindustrie, Motorradhersteller ziehen nach. Bei Pkws starten neue Trends in der Oberklasse, bei Motorrädern sind es die Luxustourer oder Supersportler, die mit neuen Technologien versehen sind.

Davon gibt es unterm Strich eine ganze Menge, die Liste umfasst ABS, Kurven-ABS, Integral-Bremssysteme, Traktionskontrolle, semiaktives Fahrwerk, Wheelie-Kontrolle, Launch-Control, Fahrmodi/wählbare Kennfelder, den Berganfahrassistenten, elektronisch einstellbare Federung, Tempomat, Reifendruckkontrollsystem, einstellbare Motorbremse/Schleppmomentregelung, Schaltassistent oder gleich Blipper, mit dem man kupplungslos rauf- und runterschalten kann.

Elektronische Gedankenübertragung

Voraussetzung für all diese Systeme ist die Digitalisierung von Informationen, die von Sensoren ermittelt und in einem Rechner ausgewertet werden. Den Siegeszug fast all dieser Systeme erlaubt aber erst das Ride-by-Wire oder E-Gas genannte kabellose Gasgeben: Ein Potentiometer am Gasgriff ermittelt die gewünschte Öffnung und leitet diese Information an den Zentralrechner weiter; dieser „übersetzt" den Fahrerwunsch in Befehle für die Stellmotoren, die die Drosselklappen betätigen. Dieses Umsetzen im Zentralrechner erlaubt einen wohltarierten elektronischen Eingriff in den verschiedensten Formen: Zuallererst werden dadurch verschiedene Fahrmodi möglich, die den Zuckungen des rechten Handgelenks unterschiedliche Kennfelder, neudeutsch Mappings, unterlegen – mal progressiv,

Zusatzbauteile geschickt versteckt

in der Regel als „Sport“ gekennzeichnet, linear (normal oder Road) oder degressiv im „Rain“-Modus, der nicht nur sanfter anspricht, sondern auch in der maximalen Leistungsabgabe und beim Drehmomentverlauf gekappt sein kann. Dadurch lässt sich so manch unsensible Gashand kurieren.

Hilfreiche Beschneidung

Damit verbunden ist die Traktions- und Wheelie-Kontrolle, ein Feature, das bis vor wenigen Jahren exklusiven Sportmaschinen vorbehalten war. Früher konnte durch unbedachtes Gasgeben am Kurvenausgang das Hinterrad ausbrechen und es zum Sturz kommen, heute bekommt der Rechner von seinen Radsensoren gesagt: Achtung, das Hinterrad dreht durch! Dann reduziert die Motorsteuerung in Sekundenbruchteilen die Leistung und damit die Zugkraft am Hinterrad. Der Eingriff der Traktionskontrolle ist üblicherweise noch abhängig vom gewählten Fahrmodus. Besonders fortschrittliche Maschinen besitzen sogar einen Drei-Achsen-Gyrosensor, mit dem das Steuergerät das Ganze auch noch abhängig von der aktuellen Schräglage steuert.

Über diesen Mechanismus lässt sich auch die Motorbremswirkung variieren, indem im Schiebebetrieb einfach die Drosselklappen minimal geöffnet werden. Nun bedarf es lediglich noch eines kleinen Software-Schritts und des Anbringens eines entsprechenden Schalters, schon ist der Tempomat installiert.

Doch die Technologie geht immer weiter. Heutzutage sind viele Parameter untereinander vernetzt, und der Einfachheit halber sind mit der Wahl der Fahrmodi gleich Einstellungen von ABS und Traktionskontrolle, manchmal auch vom semiaktiven Dämpfungssystem verknüpft – die sich über Feinjustierungen weiter individualisieren lassen.

Doch Vorsicht: Der wichtigste Bordrechner steckt immer noch unterm Helm und die Fahrphysik lässt sich nicht überlisten – auch nicht mit den ausgeklügeltsten Hightech-Instrumenten.

Schema der vernetzten Sicherheit eines Schräglagen- oder Kurven-ABS

Schwarze Magie

Reifenentwicklung

78

Reifen sind nicht nur am Stammtisch immer wieder ein Thema. Ohne die Fortschritte beim Reifenbau wären die heutigen Motorleistungen nicht auf den Asphalt übertragbar. Dabei ist die Entstehung der Rundlinge eine Geschichte für sich, verbunden mit legendären Namen: Der Amerikaner Charles Goodyear erfand eher zufällig 1844 die Möglichkeit, Gummi zu vulkanisieren, 1888 ließ der Schotte John Dunlop einen einfachen Fahrradluftreifen patentieren, dem der Franzose Édouard Michelin mit Erfindung eines Luftreifens mit Schlauch 1891 zum wirtschaftlichen Durchbruch verhalf.

Rund und schwarz

Der Motorradreifen von heute hat mit den Vorgängern aus der Urzeit des Motorradfahrens allerdings nichts mehr zu tun. Bei heutzutage verwendeten schlauchlosen Reifen stellt die Karkasse den Unterbau und das tragende Gerüst eines Reifens dar, auf das die Lauffläche aufgearbeitet ist. Beim Diagonalreifen besteht die Karkasse je nach Geschwindigkeitsklasse und Tragfähigkeit aus einer oder mehreren Lagen Rayon- oder Nylongewebe, bei denen die Fäden der einzelnen Karkasslagen diagonal zur Drehrich-

Aufwendige Produktion eines Radialreifens, vollautomatisiert

tung der Räder angeordnet sind. Der einfache, kostengünstige Aufbau und die Flankenstabilität sind seine Vorzüge.

Gürtelreifen mit Diagonalkarkasse, auch Diagonalgürtelreifen genannt, bestehen aus einer konventionellen Karkasse und einem Gürtel aus einer oder mehreren gekreuzten Lagen. Der Gürtel besteht hauptsächlich aus Nylon, er soll die dynamische Verformung durch Fliehkräfte begrenzen, während die Karkasse in erster Linie dem Reifen Kontur geben soll.

Beim Radialreifen kommen zusätzlich zu den Karkasslagen im Winkel von 90 Grad Stahl- oder Aramidgürtellagen zum Einsatz, die in 0 bis 25 Grad zur Fahrtrichtung aufgespult sind – auch bekannt als 0°-Gürtel. Der unter der Lauffläche liegende Gürtel sorgt für Stabilität und begrenzt das Reifenwachstum bei höheren Geschwindigkeiten, deshalb können Radialreifen Geschwindigkeiten von über 300 km/h tolerieren. Die Konstruktion der Karkasse hat maßgeblichen Einfluss auf Handling und Stabilität des Reifens.

Die Mischung macht's

Nicht nur beim Aufbau, auch bei den verwendeten Laufflächenmischungen hat sich einiges getan. Zauberwort der Szene ist Silica, genauer Siliciumdioxid. Dieser Bestandteil der Reifenmischung wurde zuerst bei Regenreifen im Rennsport eingesetzt und verbessert nun auch bei Sport- und Touringreifen gleichzeitig Haltbarkeit und Grip, ganz besonders auf kalter und/oder nasser Fahrbahn. Während der Vorderreifen üblicherweise eine einheitliche Mischung aufweist, kommen beim Hinterreifen sogenannte Multi-Compound-Mischungen zum Einsatz: In der Mitte des Laufstreifens stellt ein widerstandsfähiger Mischungsstreifen hohe Abriebfestigkeit sicher für lange Laufleistungen, die Gummistreifen an der seitlichen Reifenschulter sind weicher, um viel Haftung in Schräglage, den Kurvengrip, zu erzeugen.

Apropos Grip: Am Stammtisch wird immer wieder davon geredet, dass bei einem Sturz der Grip, also die Reifenhaftung, ausgegangen sei. Doch wieso „klebt“ ein Reifen überhaupt auf dem Asphalt? Für die Reifentechniker ist klar: Es gibt zwei Arten der Haftung – einmal als physikalischer Verzahnungseffekt durch das Eindringen der Straßenrauigkeit in den Gummi des Laufflächenprofils, zum anderen als molekulare Haftung, die sich aus den Wechselwirkungen zwischen Gummi und Straße in der Reifenaufstandsfläche ergibt.

Doch so weit die Reifentechnologie auch vorangeschritten ist – gegen einen unsensiblen Gasgeber am Kurvenausgang hilft auch der beste Reifen nicht.

Großer Ehrgeiz

Dimensionen des Motorradsports

79

Das erste Motorradrennen fand 1896 in unserem Nachbarland Frankreich statt, natürlich ohne jegliche Kategorisierung oder Vorgaben bezüglich des Geläufs, und natürlich auf öffentlichen Straßen ausgetra-gen. Von dieser wilden Frühform des Motorradsports ist heute nicht mehr allzu viel übrig, die zunehmende Spezialisierung hat die Motorräder, aber auch die damit ausgetragenen Wettbewerbe völlig gewandelt.

Auf der Straße geht's rund

Der Straßenrennsport zieht weltweit immer noch die meisten Zuschauer an. Während früher viele Hersteller mit unterschiedlichen, meistens jedoch zweitaktenden Konzepten um die Krone der Motorrad-Weltmeisterschaft in den Großen Preisen, den Grand Prix, auf abgesperrten Rennstrecken wie Monza, Nürburg- und Hockenheimring, Donington oder Barcelona kämpften, wird die aktuelle MotoGP-Weltmeisterschaft in drei ziemlich eng gefassten Kategorien ausgetragen: In der Moto1 und Moto2 fahren die Piloten mit gleichen Viertakt-Motoren, in der Prototypen-MotoGP ist deutlich mehr, aber längst nicht alles erlaubt, zudem gibt es einen Einheitsreifen.

Seriennäher geht es in der Superbike- und Supersport-Weltmeisterschaft zu. Hier müssen die eingesetzten Rennmotorräder auf einem Serienmotorrad basieren. Unterhalb der WM gibt es viele nationale Rennserien, in denen beispielsweise die deutschen, britischen oder amerikanischen Meister gekürt werden.

Eine weitere Spielart ist die Endurance-Weltmeisterschaft, also die Langstrecken-WM. Hier treten Teams aus drei Fahrern auf einem Motorrad für acht, zwölf oder 24 Stunden gegeneinander an – eine immense Belastung für Mensch und Material und beliebter Anlass für ausschweifende Parties wie beispielsweise beim Bol d'Or in Le Castellet.

Einen ganz besonderen Nervenkitzel bereiten Straßenrennen, nicht zuletzt aufgrund der risikoreichen und selten hervorsehbaren Bedingungen. Diese Rennserie auf öffentlichen Straßen findet besonders auf den britischen Inseln Zuspruch, hier hat der Straßenrennsport eine lange Tradition. Herausragendes Event ist dabei die Tourist Trophy auf der Isle of Man, deren Historie bis ins Jahr 1907 zurückreicht.

Beim Supermoto herrscht stets attraktives Gedränge.

Im Gelände

Auf nicht befestigtem Untergrund, also offroad, gibt es zahlreiche Runden-Wettbewerbe. Unter freiem Himmel Motocross und Enduro sowie die aus den USA stammende, in großen Arenen abgehaltene einmalige Flugshow mit Namen Supercross – allesamt in verschiedenen Hubraumkategorien durchgeführt. Oder Trial, die Bewegungskunst mit dem Motorrad, bei der es nicht auf Tempo, sondern auf Geschicklichkeit beim Überwinden der unglaublichsten Hindernisse ankommt.

Daneben gibt es Mehrtages-Rallyes mit dem Flaggschiff Rallye Dakar, die trotz des Namens in Südamerika abgehalten wird, oder der „Roof of Africa". Die Six Days sind eine internationale Sechstagefahrt, bei der Nationalmannschaften gegeneinander antreten. Unter den Eintagesveranstaltungen hat das Erzberg-Rodeo in Österreich einen besonders berüchtigten Ruf.

Im Kreis oder geradeaus

Nicht zu vergessen sind die Bahn-Wettbewerbe, Gras- oder Sandbahnrennen – ohne Bremse, aber mit einem Stahlschuh immer links herum – oder Speedway. Diese werden auf einem flachen Oval ausgetragen und laut FIM-Regeln haben die Motorräder keine Bremsen. Bei den Rennen treten vier bis sechs Fahrer gegeneinander an.

Im Drag-Rennen treten zwei Vehikel über eine definierte Strecke, zumeist eine Quartermile, gegeneinander an. Wer gewinnt, kommt eine Runde weiter, am Ende bleibt ein Sieger im Kampf Mann gegen Mann übrig.

Und es gibt noch viele weitere Motorrad-Randsportarten wie Iceracing, Skijöring oder Motoball, die hier aufzuführen den Platz sprengen würde – für den Ideenreichtum scheint es keine Grenzen zu geben.

80

Erdferkel unter sich

Die Six Days

Frei interpretiert könnte man die Six Days als Enduro-Weltmeisterschaften für Nationalmannschaften bezeichnen. Offiziell lautet der Name heute International Six Days Enduro – ISDE. Sie gilt als wichtigste Motorsportveranstaltung im Endurosport und als traditionsreichste, denn sie war die erste von einem Motorsport-Dachverband organisierte Wettfahrt: Vom 19. bis zum 23. August 1913 wurden in Carlisle (England) die „First International Touring Trials" ausgetragen. Damals traten die beiden Nationalmannschaften von Frankreich und Großbritannien sowie 155 britische Einzelfahrer an. Da das französische Team frühzeitig aufgab, siegten die Briten.

Regelnder Wirrwarr

Seit den Anfangstagen wurde das Reglement vielfach geändert, mal traten sechs Fahrer je Nation an, dann wieder vier oder fünf. Es wurde mit und ohne Streichresultaten gearbeitet, in verschiedenen Klassen gefahren und mit Zeitpunkten oder Strafzeiten gewertet. Nach der ursprünglichen Idee mussten die Fahrer sogar auf einem in ihrem Land produzierten Fabrikat starten – diese Idee wurde infolge des massenhaften Markensterbens jedoch schnell wieder ad acta gelegt. Wichtigste Konstante im Reglement ist die Vorgabe, dass bestimmte Fahrzeugteile nicht getauscht werden dürfen und Reparaturen am Motorrad weitestgehend durch den Fahrer selbst erledigt werden müssen. Dazu gibt es anders als bei den Rallyes strenge und enge Zeitvorgaben für mögliche Wartungsarbeiten, sämtliche Zuwiderhandlungen kosten Strafpunkte bzw. Strafzeiten.

Es wird in verschiedenen Klassen gefahren: Ein Team für die FIM World Trophy besteht aus vier Fahrern, für die FIM Junior World Trophy müssen drei Fahrer antreten, die am 1. Januar des Wettkampfjahres maximal 23 Jahre alt sind, und bei der FIM Women's World Trophy treten zwei oder drei Frauen als Nationalteam an. Neben den Nationalmannschaften nehmen aber auch Club- und Werksmannschaften teil und werden separat gewertet. Die besten Fahrer werden mit Medaillen geehrt.

Trotz des komplizierten Regelwerks sind die ISDE jedes Mal ein faszinierendes Erlebnis, das den Teilnehmern alles abverlangt und dem interessierten Zuschauer ein großes Spektakel auf hohem sportlichem Niveau garantiert.

Prominente Besetzung

Während heute ausschließlich versierte Geländeprofis auf hochgezüchteten und extremen Enduros gegeneinander antreten und der Sport eindeutig im Fokus steht, hatte die Sechstagesfahrt von 1964 ein ganz anderes, politisches und gesellschaftliches Spektakel zu bieten: In Erfurt fuhr zum ersten Mal ein US-amerikanisches Team bei den Six Days mit, gleichzeitig war dies das erste Mal, dass Amerikaner in einem Staat des damaligen Ostblocks hinterm Eisernen Vorhang an einer Motorsportveranstaltung teilnahmen. Die eigentliche Sensation für die Menschen vor Ort war weniger politischer Natur, es war die Besetzung des eher kalifornischen als US-amerikanischen Teams, denn niemand geringerer als der Hollywood-Schauspieler Steve McQueen nahm die Wettfahrt durch den Thüringer Wald mit seinem Freund und Stuntman Bud Ekins sowie Ekins' Bruder Dave in Angriff. Obwohl die drei bereits am dritten Tag ausschieden, war ihre Teilnahme eine absolute Attraktion.

Die französische Presse feiert den ISDE-Gewinn 2001.

Der Mythos

81 Rallye Paris – Dakar

Rallyes, auch Abenteuerrallyes, gibt es viele, doch nur eine Königin: die Rallye Paris – Dakar, die größte, populärste und anstrengendste Langstrecken-Rallye der Welt. Allein der Ursprung ist eine Abenteuergeschichte, die dem Mythos der Dakar gerecht wird: Der Franzose Thierry Sabine verirrte sich mit seinem Motorrad bei der Rallye Abidjan – Nizza 1977 in der Wüste Libyens, erst nach Tagen konnte er gerettet werden. Dieses Ereignis hatte ihn derart geprägt, dass er die Landschaft, die fast zu seinem Verhängnis wurde und die ihn dennoch faszinierte, möglichst vielen Menschen nahe bringen wollte. Abenteuerlust und Fernweh, gewürzt mit einer guten Portion französischen Kolonialgeists waren die Katalysatoren für seine „Erfindung" der Rallye Paris – Dakar.

Die Gefahr fährt mit

Erstmals gestartet wurde die riskante Fahrt vom winterlichen Europa in die heiße Wüste Afrikas am 26. Dezember 1978 am Place du Trocadéro in der französischen Hauptstadt. Schon bei der Premierenveranstaltung nahmen 170 Wagemutige das Abenteuer in Angriff: 10.000 Kilometer durch zumeist unwegsames Gelände ohne nennenswerte Infrastruktur, bis auf die Etappenorte nur auf sich allein gestellt.

Vierfacher Dakar-Sieger Cyril Despres.

Wie gefährlich die Rallye ist, dokumentiert die Tatsache, dass mehr als 50 Menschen bei der Dakar ihr Leben ließen. Auch Thierry Sabine verunglückte tödlich, als er 1986 mit einem Hubschrauber während der Rallye abstürzte.

Ursprünglich verband die Route die französische mit der senegalesischen Hauptstadt. Doch die traditionelle Streckenführung von Paris nach Dakar musste mit der 30. Ausgabe 2008 aufgegeben werden – wegen Terrorgefahr musste der Wüstenklassiker erstmals abgesagt

Hubert Auriol bei der Rallye Paris – Dakar 1984 auf BMW.

werden. 2009 wichen die Veranstalter nach Südamerika aus, wo der Wüstenklassiker seitdem eine feste Heimat gefunden hat.

Materialmordend

Die besondere Herausforderung der Dakar liegt in der Tagesetappenlänge von bis zu 800 Kilometern und bei gleichzeitig nur einem Ruhetag in der Mitte des Rennens – ansonsten sind die Piloten jeden Tag unterwegs. Ohne Pause, denn nach dem Ziel müssen die Motorräder repariert und vorbereitet werden – nicht nur für Fahrer, die ohne professionelles Team anreisen, eine enorme Belastung, weshalb nicht einmal die Hälfte des Starterfelds das Ziel erreicht.

Doch eine solche einzigartige Tortur kreiert auch ihre eigenen Helden: Unbestrittener König der Dakar ist der Franzose Stéphane Peterhansel, der die Motorradwertung sechsmal, die Automobilwertung sogar siebenmal gewinnen konnte. Ihm folgen Hubert Auriol (Motorrad 1981 und 1983, Auto 1992) und Nani Roma (Motorrad 2004, Auto 2014), aber auch die Deutsche Jutta Kleinschmidt, die 1994 die Damenwertung bei den Motorrädern und im Jahr 2001 als erste Frau die Autowertung der Dakar gewinnen konnte.

Geht es um die Motorrad-Marken, führt kein Weg vorbei an KTM, obwohl Honda und Yamaha in den letzten Jahren immer stärker Paroli bieten: Die Österreicher stellen seit 2001 ununterbrochen den Gesamtsieger.

Ohne Ende

82

Langstreckenrennen

Das Besondere an Langstreckenrennen ist das Teamwork: Bei den Endurance-Wettbewerben, wie die Langstreckenrennen auch genannt werden, gehen für jedes Team pro Motorrad zwei bis drei Piloten an den Start. Je nach Veranstaltung blasen die Teams mal acht, mal vierundzwanzig Stunden am Stück über die Rennstrecke, nur unterbrochen durchs Tanken und den Fahrerwechsel – und nicht einzuplanende Reparaturen, die dem gesamten Unterfangen erst seinen besonderen Reiz geben. Bei Langstreckenrennen wird die Ausdauer von Mensch und Maschine auf die Probe gestellt. Hier zählt nicht die schnelle Spitzenleistung, die in Sprintrennen für den Erfolg maßgeblich ist, sondern die Konstanz.

Vier Rennen für ein Halleluja

Seit 1960 gibt es eine Langstreckenmeisterschaft, den FIM Endurance Cup. Damals zählten vier Rennen dazu: Thruxton (England), Montjuïc (Spanien), Weerst (Belgien) und der Bol d'Or in Frankreich. Seit 1976 wurde der FIM Endurance Cup als Europameisterschaft, von 1980 bis 1988 als Weltmeisterschaft ausgetragen. In den Hochzeiten der 1980er-Jahre umfasste der Endurance-WM-Kalender bis zu zehn Veranstaltungen, zu denen die Fans europaweit in Scharen anreisten. Für die zahlreichen Besucher bot neben den eigentlichen Rennen das umfangreiche Rahmenprogramm mit Livemusik zusätzliche Attraktionen, für viele stand auch das gemeinsame Campingerlebnis direkt an der Strecke und das Kennenlernen anderer Motorradsportenthusiasten im Vordergrund. In den 1980er-Jahren gab es kaum einen Besucher, der nicht mit dem eigenen Motorrad angereist war – das verbindet!

Tanken und Fahrerwechsel

Berühmte Langstrecken-Klassiker sind der Bol d'Or jedes Jahr im September in Magny Cours/Frank-

Typischer Le-Mans-Start mit laufenden Piloten und stehenden Motoren

reich, die 24 Stunden von Lüttich, ausgetragen in Spa-Francorchamps in den belgischen Ardennen und die 24 Stunden von Paul Ricard im südfranzösischen Le Castellet. Außerhalb Europas gehört das 8-Stunden-Rennen von Suzuka in Japan dazu, traditionell am letzten Juli-Wochenende veranstaltet. In Deutschland zählt das 8-Stunden-Rennen im Rahmen der Oscherslebener Speedweek in der Magdeburger Börde dazu. Die Langstrecken-WM wird in zwei Klassen ausgetragen, entsprechend dem FIM-Reglement: in der seriennahen Stocksport-Klasse und der mehr Freiheiten erlaubenden Formula EWC.

Eigenwilliger Beginn

Anders als Sprintrennen beginnen Langstreckenrennen traditionell mit einem „Le-Mans-Start“: Die Motorräder stehen längs der Strecke im Startbereich, schräg in Fahrtrichtung aufgereiht in der Reihenfolge der Trainingszeiten und werden von Helfern gehalten. Auf der gegenüberliegenden Seite der Start-Zielgeraden stehen die Piloten hinter einer Startlinie und laufen beim Startschuss zu den Motorrädern, sitzen auf und fahren los. Erfunden wurde diese Art des Starts beim 24-Stunden-Rennen von Le Mans im Jahre 1925.

Heldenverehrung

Große Namen von Ago bis Vale

83

Motorradsport – das ist eine Geschichte reich an Tragödien, aber auch an zahllosen Heldengeschichten. Namen und Episoden aus mehr als hundert Jahren Rennsport gibt es zuhauf, und die Auswahl der bedeutendsten Personen kann nur unvollständig sein. Deshalb versuchen wir, herausragende Leistungen aus allen möglichen Wettbewerben stellvertretend hervorzuheben für alle anderen, deren Namen wir nicht nennen können.

Asphalt-Koryphäen

Im Reich des Rundstreckenrennsports fällt den Älteren zuerst der charismatische Italiener Giacomo Agostini ein. Mit 15 Weltmeistertiteln und 122 Siegen in allen Klassen in der seit 1949 ausgetragenen Motorrad-WM ist der elegante „Ago" das Maß der Dinge. Allein zwischen 1966 und 1972 errang er auf MV Agusta siebenmal in Folge den WM-Titel in der 500-cm^3-Klasse, der Königsdisziplin. Von den reinen Zahlenwerten kommt ihm am nächsten der Spanier Angel Nieto mit 13 Weltmeistertiteln und 90 Siegen in allen Klassen, gefolgt von Mike Hailwood mit neun Weltmeistertiteln und 33 Siegen in allen Klassen.

Eine ähnliche Dominanz wie Ago strahlte „Quick Mick" Doohan aus Australien in den 1990ern aus: Von 1994 bis 1998 gewann er fünfmal hintereinander die 500er-Weltmeisterschaft auf Honda; er war auch der erste, der mit einem Platz in der 2000 eröffneten Hall of Fame der MotoGP geehrt wurde.

Nach Doohan tauchte mit Valentino Rossi ein neuer Star am Motorradhimmel auf. Der begnadete Italiener schaffte das Kunststück, in allen Grand Prix-Klassen Weltmeister zu werden – Vale triumphierte bei den 125ern, den 250ern, den 500ern und in der MotoGP, mal auf Aprilia, Honda und Yamaha. Zwischen 2001 und 2005 hielt der „Doctor", wie er sich selbst nennt, durchgehend den MotoGP-Weltmeistertitel. Insgesamt heimste der Mann aus Urbino neun Weltmeistertitel ein, die Anzahl seiner Laufsiege wird mit 115 (Stand Juni 2017) notiert.

In der Hall of Fame findet sich mit Toni Mang auch ein deutscher Rennfahrer. Der Bayer wurde in den 1980er-Jahren fünfmal Weltmeister bei den 250ern und 350ern, viermal auf Kawasaki und einmal auf einer Honda. Dabei konnte er 42 Laufsiege feiern.

Monumentales Denkmal zu Ehren von Joey Dunlop in Nordirland

Seit 1988 wird die Superbike-Weltmeisterschaft ausgetragen. Hier hat sich der polarisierende Carl Fogarty mit vier Titeln zwischen 1994 und 1999 ein Denkmal gesetzt. Das Gleiche gilt für den Schweizer Rolf Biland, der es bei den Seitenwagenrennen in den 1990er-Jahren auf sieben WM-Titel brachte.

Der Straßenrennsport wird auf ewig mit dem unvergessenen Joey Dunlop verbunden bleiben. Und das nicht nur wegen seiner 26 Siege bei der Isle of Man TT und den ungezählten Erfolgen bei anderen wichtigen Straßenrennen, sondern auch wegen seines sozialen Engagements für Waisenkinder.

Die größten Erdferkel

Der Star des Motocross heißt Stefan Everts – die zehn Weltmeistertitel des belgischen Motocrossfahrers sind Rekord. Legendär wurde Stefan Everts, als er 2003 in Ernée/Frankreich an einem Tag alle drei ausgetragenen Grands Prix (125, 250 und 500 cm^3) gewinnen konnte. Er ist zudem der einzige Fahrer, dem es gelungen ist, Weltmeister mit allen vier japanischen Herstellern zu werden.

Bei der berühmtesten Rallye der Welt steht ein Name ganz oben: Stéphane Peterhansel. Der Franzose konnte die härteste Bewährungsprobe im Zweiradkosmos, die Rallye Paris – Dakar, nicht nur sechsmal mit dem Motorrad gewinnen, er triumphierte auch noch siebenmal mit dem Auto.

In einem ganz anderen Metier ist Eva Håkansson zu Hause. Die Schwedin mag's schnell, aber lautlos: Mit ihrem Elektroboliden KillaJoule hält sie den Weltrekord für zweirädrige Vehikel mit unglaublichen 434 km/h, aufgestellt auf dem Bonneville-Salzsee in Utah, und ist damit die schnellste Frau der Welt auf zwei Rädern.

Meet and Greet

84 Treffen und Termine

Obwohl alle größten Wert auf ihre Individualität legen, scheinen Motorradfahrer es zu mögen, sich zu Tausenden zu versammeln und gemeinsam zu feiern. Nur so lässt sich das unverminderte Wachstum der überregionalen Motorradtreffen erklären. Traditionell die größten Meetings finden sich in den USA mit den schrillsten Events und Teilnehmern. In einem kleinen Nest in South Dakota mit Namen Sturgis feiern jedes Jahr in der ersten Augustwoche rund 500.000 Biker auf dem größten Harley-Davidson-Treffen der Welt sich und ihre chromblitzenden Bikes. Die erste Sturgis Motorcycle Rallye wurde am 14. August 1938 vom Motorradclub „Jackpine Gypsies" veranstaltet, damals noch unter dem Namen „Black Hills Classic". Heute ist sie fast ausschließlich in der Hand von Harley-Davidson.

Das hat Sturgis mit der Daytona Beach Bike Week gemein. Beide konkurrieren um den Titel „größte Motorradveranstaltung der Welt". Die Daytona Beach Bike Week ist zumindest ein Jahr älter, sie findet seit 1937 jährlich im März statt. Auch in den Sunshine State Florida pilgern jedes Jahr mehr als 500.000 Motorradfahrer und machen die Main Street mit ihren verschiedenen Saloons zur straßenverkehrszulassungsfreien Zone.

Mega-Events

Die europäische Version der amerikanischen Harley-Davidson-Treffen nennt sich „European Bike Week" und findet stets Anfang September am Faaker See in Österreich statt. Hier in Kärnten gibt Harley zwar auch deutlich den Ton an, Fremdmarken bekommen jedoch zunehmend stärkeres Gewicht. Die Premiere 1998 war als Jubiläumsveranstaltung der Marke geplant, und 15.000 Teilnehmer kamen. Mittlerweile hat sich das auf zehn Tage ausgedehnte Meeting zur drittgrößten Veranstaltung weltweit gemausert, 2014 kamen beispielsweise 130.000 Teilnehmer.

In Deutschland dürften die BMW Motorrad Days in Garmisch-Partenkirchen Anfang Juli die meisten Motorradfahrer anlocken – mehr als 30.000 sind fast garantiert. Seit 2001 treffen sich die Fans der Marke und anderer Fabrikate und genießen drei actiongeladene Tage im Werdenfelser Land mit Stunt-Shows, Konzerten, Ausfahrten und vielem mehr.

Einen völlig anderen Charakter zeigt das Touratech Travel Event in Niedereschach im Schwarzwald, das sich bei Touren- und Reisefreunden aus al-

Boxer-Treff mit Alpenblick bei den BMW Motorrad Days

ler Welt immer größerer Beliebtheit erfreut. In jedem zweiten Jahr ist die Ausscheidung zur BMW GS Trophy in das Travel Event integriert, was einen zusätzlichen Andrang mit sich bringt: 2017 betrug die Rekordzahl 15.000 Besucher.

Adria in Rot

Wer es sportlicher mag, fährt ins italienische Misano an der Adria. Dort wird bei der World Ducati Week WDW alle zwei Jahre am ersten Juli-Wochenende die Rennstrecke ganz in Rot getaucht. Wer einmal das pralle, laute und intensive italienische Zweirad-Leben erfahren möchte, ist hier goldrichtig. Die Ducatisti feiern sich, ihre Marke und das Leben überhaupt.

Bis 2016 hielt Triumph die Tridays ab, nun leider nicht mehr. Bei dieser besonderen Veranstaltung mit britischem Flair verwandelte sich das beschauliche österreichische Neukirchen am Großvenediger in das quirlige Newchurch mit allem, was die britische Lebensart bietet vom Bobby bis zum Doppeldecker. Die Macher aus Neukirchen haben mit dem Club of Newchurch schon eine Nachfolgeveranstaltung konzipiert, bei der es noch mehr um Customizing, Bike Building und Atmosphäre gehen soll – wie die Tridays, immer in der zweiten Juni-Woche.

Kawasaki feiert die Kawadays als Cometogether der Fans der grünen Marke jährlich. In den letzten Jahren gingen die Grünen eine Symbiose mit dem Klassik-Grand Prix am Schottenring ein, wo beide Veranstaltungen als Ko-Event voneinander profitierten – Kawa zeigte seine alten und neuen Haudegen von Toni Mang bis Tom Sykes vor der Kulisse der Klassik-Racer im hessischen Schotten.

Muss man gewesen sein

Magische Motorradorte

85

Eigentlich könnte man das ganze Buch mit magischen Motorradorten füllen. In jeder Ecke der Welt gibt es für jede Motorrad-Spielart unvergleichliche Plätze wie Sand am Meer, deshalb ist die Auswahl rein subjektiv und erst recht nicht vollständig.

Aber die Isle of Man gehört ganz sicher dazu, zumindest dann, wenn die Tourist Trophy dort ausgetragen wird. Seit 1907 findet dieses traditionsreiche Rennen statt, sie gilt als schwerste, aber auch gefährlichste Rennveranstaltung der Welt – fast jedes Jahr gibt es tödliche Unfälle zu beklagen. Der gut 60 Kilometer lange Rundkurs führt quer über die Insel, durch Ortschaften, vorbei an Steinmauern und Felswänden, durch Alleen und über Berge. Gefürchtet ist das Wetter: Scheint an der Küste die Sonne, kann es in der Bergregion regnen, Nebel ist das Schlimmste. Gefahren wird gegen die Uhr, die Teilnehmer der einzelnen Klassen – seit ein paar Jahren gibt es eine eigene Elektrokategorie – starten nicht aus der Aufstellung im Pulk, sondern gehen einzeln auf die Runden. Eine ganze Woche herrscht auf der Insel in der Irischen See der Ausnahmezustand, von überall auf der Welt pilgern die Rennsportbegeisterten dorthin und feiern die Stars und ein wenig auch sich selbst.

Ein Besuch bei der Tourist Trophy auf der Isle of Man ist ein Muss.

Magnet in der Eifel

Nicht weniger geschichtsträchtig ist der 1927 eröffnete Nürburgring mitten in der Eifel. Damals als eine Art Zonenrandförderung zur Arbeitsbeschaffung erdacht, sollte das Areal 2009 zu einem Freizeit- und Businesspark ausgebaut werden. Ein Plan, der grandios scheiterte und den Steuerzahler Unsummen kostete. Dennoch lohnt ein Besuch, am besten mit einer „Touristenfahrt" über die 20,832 Kilometer lange Nordschleife, die ihren legendären Beinamen „Grüne Hölle" Ende der 1960er-Jahre vom dreifachen Formel-1-Weltmeister Sir John Young Jackie Stewart verpasst bekam. Den Streckenrekord mit dem Motorrad hält übrigens immer noch Helmut Dähne – der King of the Ring. Er absolvierte am 22. Mai 1993 eine Runde in 7:49:71 Minuten, natürlich in der berühmten rot-weißen Harro-Kombi und auf seiner Honda RC30. Dass diese Bestmarke auch heute noch gilt, liegt an zwischenzeitlichen Umbauarbeiten.

Quirlig, musikalisch, bunt

Einen weit weniger sportlichen Zweirad-Nerv trifft das Glemseck 101-Event. Die Schau der internationalen Umbauszene findet am Hotel Glemseck an der ehemaligen Solitude-Rennstrecke in Leonberg bei Stuttgart statt, üblicherweise am ersten September-Wochenende. Unter freiem Himmel treffen sich internationale Designer, Konstrukteure, Entwickler und lassen sich und ihre Motorräder bestaunen, suchen aber auch Anregungen. Das Glemseck 101 ist ein Hort der Café-Racer-Kultur mit Livemusik und Achtelmeilensprints Mann gegen Mann. Mittlerweile sollen bis zu 75.000 Besucher kommen.

Wer nach England schielt, kommt am Ace Café nicht vorbei. Hier, am Ausgangspunkt der Rocker- und Café-Racer-Szene der Roaring Sixties wird die Tradition hochgehalten. Alljährlich findet der Brighton Run als Symbol der freiheitsliebenden Rocker-Kultur statt, die in den Unruhen im beschaulichen Seebad 1964 kulminierten. Das Ace Café gibt es in seinen Grundzügen schon seit 1959.

Edel und selten

Klassikfreunden sei der Concorso d'Eleganza auf dem Gelände der ehrwürdigen Villa Erba am Comer See ans Herz gelegt, der mit Stil, Eleganz und einem einmaligen Ambiente zu überzeugen weiß. Eine handverlesene Auswahl hochwertiger Oldtimer tritt hier zum Wettbewerb an. Besucher und Fachjury können immer in vier verschiedenen Kategorien über die bestens erhaltenen Raritäten abstimmen.

Muss man gesehen haben

86

Werksmuseen

Die meisten Hersteller haben eigene Sammlungen aufgebaut und präsentieren diese zumeist direkt am Firmensitz. Dabei wanderte längst nicht jedes Exponat direkt vom Montageband in die Ausstellungshalle, vielmehr mussten viele bedeutsame Modelle aufwendig und teuer zurückgekauft oder von Sammlern als Leihgabe organisiert werden. Manchmal weiß man eben vorher nicht, welches Modell eine Säule des Unternehmens wird oder mit welchem Motorrad Promis Weltreisen unternehmen werden.

Europäische Historie

BMW unterhält in München die allumfassende und hochmoderne BMW Welt als Hort der Geschichte. In der didaktisch hervorragend aufbereiteten Ausstellung gibt es neben den zweirädrigen Ikonen auch die legendären Automobile des Konzerns zu bestaunen. Ducatis Museum ist dagegen harmonisch in die Werksgebäude in Borgo Panigale integriert. Neben den Meilensteinen des Serienbaus zeigen die Italiener natürlich auch einige ihrer Rennsport-Juwelen. Bei Moto Guzzi ist es ähnlich: Im altehrwürdigen Werksgebäude in Mandello del Lario wird die Geschichte des Traditionsunternehmens lebendig, auch wenn die Modelle arg gedrängt auf verschiedenen Ebenen ausgestellt sind. KTM und das neue Triumph gehen als vergleichsweise junge Unternehmen den gleichen Weg: In der Innenstadt von Birmingham beziehungsweise Mattighofen wird der historische Gral als moderne Erlebniswelt aufgebaut mit allem Schnick und Schnack.

Kein Werksmuseum im eigentlichen Sinne ist die private Laverda-Ausstellung von Cor Dees, doch ist sie so monothematisch aufgebaut, dass wir sie hier aufführen. In Lisse/Niederlanden hat Dees alles gesammelt, was mit Laverda zu tun hat – die Kollektion umfasst nicht nur 80 Motorräder, sondern auch Fotos, Filme, Broschüren und viele Laverda-Memorabilien mehr.

Kleinodien in Fernost

Hondas geradezu verschwenderisch aufgemachtes, mehrstöckiges Museum am Twin Ring Motegi Race Track bei Tokyo ist eine Demonstration der Stärke, aber auch des Wachstums der japanischen Marke. Hier sind alle wichtigen Modelle der Marke mit dem Flügel ausgestellt, und das sind verdammt viele.

Prachtpalast BMW Welt am Münchener Olympiapark

Kawasaki bewahrt am Rande der Produktionsstätte in Akashi in der „Good Times Collection" sein zweirädriges Erbe in einem faszinierenden Museum. Darin finden sich neben den berühmten Meilensteinen wie W1 und Z1 auch die wenig bekannten Vorläufermodelle.

Im Suzuki Plaza in Hamamatsu wird die gesamte Geschichte des Unternehmens ausgebreitet, also von den ersten Webstühlen bis zur aktuellen GSX-R 1000. Auf zwei Stockwerken kann man sich auf eine Zeitreise begeben, vom ersten Motorrad 1955, der Colleda, über die Zweitakt-Rakete RG 250 bis zur Hayabusa 1300.

Yamaha schlägt mit der „Communication Plaza" in Iwata einen etwas anderen Weg ein. Das Gebäude möchte die Vergangenheit, Gegenwart und Zukunft der Marke repräsentieren durch die Darstellung des gesamten Portfolios von Motorrädern über Elektrofahrzeuge, Pedelecs, Powerboats, Segelbooten und Außenbordmotoren, Generatoren, ATVs, Swimmingpools und Industrierobotern inklusive Prototypen.

Bigger is better

Harley-Davidson liebt es amerikanisch groß, laut und schick im Firmenmuseum nahe Downtown Milwaukee. Mit mehr als 150 Motorrädern und zahllosen Devotionalien in der permanenten Ausstellung – 300 weitere Bikes stehen zum Austausch parat – wird die über hundertjährige Geschichte der Marke dokumentiert. Der 75-Millionen-Dollar-Bau zeigt neben Serienmotorrädern die sportlichen Wurzeln von Harley und faszinierende Einzelstücke wie das Stuntbike von Evel Knievel oder die Bikes aus „Easy Rider" – für Fans der großvolumigen Ami-Twins ist der Besuch ein Muss.

Privatinitiative

Die bedeutendsten privaten Museen

87

Motorradmuseen gibt es welt- wie deutschlandweit in großer Zahl. Manche als verborgene kleine Schätzchen, andere groß aufgemacht und bestens präsentiert, viele recht unbekannt, einige mit weltweitem Ruf. Allen gemein ist eines: Sie sind mit unheimlich viel Herzblut und Liebe zum Detail zusammengetragen, und jedes einzelne ist einen ausgiebigen Besuch wert.

Die folgende Auflistung erhebt keinen Anspruch auf Vollständigkeit, noch nicht einmal in puncto Bedeutsamkeit. Denn das Einzigartige liegt im kleinen Detail oder in der Geschichte, die der Sammler zu seinem Schaustück erzählen kann. Weithin bekannt sind natürlich die Technik-Museen Sinsheim und Speyer, die neben ihren ständigen Präsentationen immer wieder Sonderausstellungen zum Thema Motorrad organisieren. Weiterhin das Deutsche Zweirad- und NSU-Museum in Neckarsulm, das Motorradmuseum auf Schloss Augustusburg und im PS.SPEICHER in Einbeck. Das Deutsche Museum in München reflektiert in seiner Verkehrsabteilung die gesamte Mobilitätsentwicklung, nicht nur auf zwei Rädern. Hier kann man den ersten Serienmotorrad-Prototypen, eine Hildebrand & Wolfmüller, bestaunen.

Klein, aber sehr fein

Weniger bekannt, deswegen aber nicht weniger attraktiv ist das malerische Museum von Kurt Schupp in Schöffengrund-Niederwetz bei Wetzlar. Der passionierte Sammler und Motorsportfreund hat neben vielen Rennsporterinnerungen und Devotionalien auch eine seltene Vincent Black Lightning zu bieten.

Zweifellos das höchste ist das Top Mountain Motorcycle Museum im Top Mountain Crosspoint auf dem Timmelsjoch. In 2.175 Metern Höhe über Normalnull können Besucher historische Motorräder teilweise vergessener Marken bestaunen. Zweirad-Nostalgiker begeistern eine Brough Superior aus dem Jahr 1939 und die Laurin&Klement von 1905.

Ähnlich vielfältig ist die Museumsszene in Italien und Frankreich, doch um nicht auszuufern, kommt hier nur ein Tipp. Beim unscheinbaren Musée Baster nahe Clermont-Ferrand handelt es sich um die bedeutendste Sammlung von Vorkriegs-US-Fabrikaten mit Seitenwagen in Europa, es stellt aber auch Modelle von längst vergessenen französischen Marken aus.

Joerg Michel vor seinem rollenden Motorrad-Museum in Kanada

Blick über den Teich

Auf der anderen Seite des Atlantiks locken mindestens ebenso zahlreiche Ausstellungen von erstklassiger Güte. Das Barber Vintage Motorsports Museum in Birmingham, Alabama, zeigt stets mehr als 600 Motorräder, insgesamt beherbergt die Sammlung mehr als 1.400 Zweirad-Exponate von 216 verschiedenen Herstellern aus 20 Ländern. Am anderen Ende des Kontinents, in Los Angeles, findet sich mit dem Petersen Automotive Museum eine Ausstellung von internationalem Rang. In einem vierstöckigen Gebäude am Wilshire Boulevard sind klassische Serienmodelle, Rennwagen und Konzeptfahrzeuge sowie Modelle, die in Film und Fernsehen auftraten, großzügig drapiert.

Eine unfassbare Sammlung von Raritäten, Einzelstücken und historisch bedeutenden Meilensteinen in Hollywood bleibt dem Normalbesucher leider versagt: In Jay Leno's Garage tummeln sich Brough Superiors neben Vincents, ein Y2K Turbinenmotorrad neben Ducatis. Normalsterbliche kommen nicht in den Genuss der Sammlung, doch der Meister gibt auf seiner Homepage regelmäßig Einblicke in seine heiligen Hallen.

Der Gegenentwurf rollt hoch im Norden Kanadas an der Grenze zu Alaska: das Mobile Motorcycle Museum. Der Deutsche Joerg Michel ist vor 15 Jahren mitsamt seiner geliebten Oldtimer nach Kanada ausgewandert. Nun stellt er seine DKW E 300, Baujahr 1928, eine NSU OSL 251 aus den frühen 1930er-Jahren sowie eine NSU 201 T mit Riemenantrieb aus dem Jahr 1929 und weitere Oldtimer in einem umgebauten Schulbus aus und tingelt mit seinem rollenden Museum durch die Yukon Territories, um den Kanadiern die deutsche Motorrad-Kultur näherzubringen.

Gebunden

88

Vereinsmeier

HOG, DOC, RAT, Jaja-Uma und andere Abkürzungen hören sich verschwurbelt an, stehen aber für den Versuch der Hersteller, aus ihren Kunden eine Gemeinschaft eingefleischter Markenfetischisten zu machen. Üblicherweise gibt's beim Neukauf eines Motorrades ein Jahr Mitgliedschaft im entsprechenden Markenclub zur Markenbindung oben drauf. Egal, welcher Hersteller, die kleinste Einheit des Clubs beginnt beim lokalen Vertragshändler, der seine Kunden mit maßgeschneiderten Angeboten bei der Stange und damit bei der Marke halten soll. Das Angebot reicht von Grillabenden oder Biker-Frühstücken über gemeinsame Ausfahrten bis zu organisierten Motorradreisen.

So richtig gut funktioniert diese Art der Kundenbindung nur bei Harley-Davidson. So schießen die HOGs, die Harley Owners Groups, den Vogel hinsichtlich ihrer Aktivitäten ab – wer will, kann sich an jedem Wochenende irgendwo in Deutschland mit Gleichgesinnten zusammenrotten.

Westen mit Stickern sind Zeichen der Verbundenheit.

Mehr Mitglieder hat keine Markenvereinigung. Dabei fördern die Vertragshändler die Aktivitäten der einzelnen Chapter, mit dem Ergebnis, dass der Eventkalender von Harley so prall gefüllt ist wie die Terminvergabe beim Zahnarzt oder Notar.

Fans der Marke Triumph zeigen ihre Zuneigung deutlich.

Verteilte Zuneigung

Bei allen anderen Marken halten sich die Besitzer der Motorräder, aber auch die Veranstaltungsmanager stärker zurück. Bei Kawasaki gibt es beispielsweise gar keine einheitliche grüne Masse. Vielmehr widmen sich zahlreiche Clubs und Internetforen einem bestimmten Kawasaki-Markenthema, so gibt es den Z-Club und das GTR-Forum. Bei Honda funktioniert die Markenbindung ähnlich, wobei die große Anzahl der Gold Wing Clubs auffällig ist. Für die Fireblade-Freunde gibt es ein rühriges Forum, das Rennstreckentrainings und eine gemeinsame Ausfahrt in die Dolomiten anbietet.

Eine übergeordnete Vereinigung besitzt dagegen Suzuki mit dem Jaja-Uma-Club nach japanischem Vorbild. Egal, welches Modell man besitzt, ob Cruiser, Sportler, Roller oder Motocrosser – der Suzuki Club ist für alle gedacht, die sich von Suzuki haben begeistern lassen.

Ducati führt den Desmo Owners Club DOC, bei Moto Guzzi gibt es den Moto Guzzi World Club. Etwas weniger intensiv treiben es auch die Mitglieder der Riders Association of Triumph – R.A.T. BMW und Yamaha unterhalten gar keine großen Clubs mehr. Statt auf Markentreue durch – teures – Umgarnen setzen viele Hersteller bewusst auf Aktivitäten wie einzelne Ausfahrten, Trainings oder sogar Reisen, die ohne Clubmitgliedschaft angeboten werden. Das kommt dem gesellschaftlichen Kontext der starken Individualisierung entgegen. Ganz wichtig sind den Marketingfachleuten auch große Einzelevents, mit denen die jeweiligen Hersteller auch markenfremde Fahrer anlocken und eventuell überzeugen können.

Gut begleitet

89

Organisierte Motorradreisen

Motorradfahrer sind Individualisten, auch wenn sich alle grüßen und Biker gerne in Rudeln auftreten. Urlaubsfahrten werden alleine oder mit den Freunden in Angriff genommen, man will ja flexibel bleiben und sein eigenes Tempo fahren. Organisierte Reisen lehnen viele Motorradfahrer daher rundweg ab, auch, weil sie ihre eigene Route für besser halten und bei den Übernachtungen eventuell billiger wegkommen. Und doch: Die Reiseveranstalterbranche boomt, organisierte Motorradreisen liegen im Trend.

Weil sie in bestimmten Fällen tatsächlich deutliche Vorteile besitzen. Das beginnt mit dem Faktor Zeit: So schön auch das eigene Planen ist, neben dem stressigen Alltagsjob könnte die Zeit für eine vernünftige Organisation ziemlich knapp werden. Oder man möchte sich die nervige Anfahrt ins Urlaubs-Eldorado sparen oder das passende Motorrad dafür steht gerade nicht zur Verfügung oder die Kumpels haben im Moment selbst Wichtigeres zu tun oder bekommen nicht frei.

Die gemeinsame Mittagsrast am Pass ist ein fester Bestandteil.

Das Fahren in größeren Gruppen muss man mögen.

Bequem und sicher

Ein weiterer Grund könnte sein, dass manches Traumziel auf eigene Faust für den Normalo kaum erreichbar ist oder dass man sich die große Tour alleine einfach nicht zutraut – auch weil man die Landessprache nicht beherrscht und sich dadurch unwohl fühlt. Veranstalter organisierter Reisen übernehmen die ganzen Unannehmlichkeiten und versprechen ein Rundumsorglospaket, sei es mit dem Transport des eigenen Motorrads oder eines gestellten Mietfahrzeugs: Ankommen, aufsitzen, losfahren und abends ins reservierte Bett fallen. Dazu kennen die fremden Führer sämtliche Highlights auf der Route und umfahren kritische Wegstellen. Wer möchte, lernt Gleichgesinnte kennen.

Zwischen der klassischen Gruppenreise mit dem Motorrad hinter dem Reiseführer und der vollkommen individuellen Tour gibt es eine große Bandbreite Zwischenformen. Bei manchen Reiseveranstaltern wird in mehreren kleinen Gruppen gefahren, bei anderen eine Art Tourbook ausgehändigt, nach dem man einzeln oder in Gruppen dem jeweiligen Etappenort zustreben kann. Hier kann sich jeder die passende Umsorgung heraussuchen.

Nur mit fremder Hilfe

Etwas anders sieht das in touristisch weniger erschlossenen Gebieten als den USA, Kanada, Australien oder Neuseeland aus, den Lieblingsdestinationen der deutschen Motorradfahrer. Hier ist professionelle Hilfe manchmal unumgänglich bei komplizierten Visaanträgen, zeitraubenden Grenzformalitäten und schwierigen Sprachen. Verschiedene Länder wie China oder Myanmar sind für Motorrad-Individualreisende ohnehin offiziell tabu. Doch Vorsicht: Je exotischer das Ziel, desto bedingungsloser ist der Motorradfahrer auf den Veranstalter und dessen Team vor Ort angewiesen. Eine Vorabinformation in den einschlägigen Reiseforen sollte hier eine Selbstverständlichkeit sein, damit der Trip kein Schlag ins Wasser wird.

Europas Liebling

Die Alpen

90

Weltweit gibt es wohl kein beliebteres Motorradrevier als die Alpen. Aus dem Norden, Süden, Osten und Westen reisen die Motorradfahrer an, und das weit über die Grenzen Europas hinaus: Kamen zuerst die Amerikaner und staunten über Gipfel und Gletscher, zieht es aktuell vermehrt wohlhabende Asiaten auf die unendlichen Kehren und Kurven. Die Alpen sind ein einmaliges Bergmassiv, das sich über einen 1.200 Kilometer langen und zwischen 150 und 250 Kilometer breiten Bogen durch Mitteleuropa erstreckt. Für Motorradfahrer ein ideales Zielgebiet, denn hier versammeln sich berühmte Pässe wie das Stilfser Joch oder der Simplon auf einem relativ kleinen Gebiet.

Von den mächtigen Bergmassiven der französischen Seealpen im Westen zieht sich die Gebirgskette über die Schweiz mit ihren weltweit bekannten Bergen wie dem Matterhorn über Italien mit den Dolomiten und Österreich mit der berühmten Großglockner-Hochalpenstraße bis nach Slowenien, wo noch viele unbekannte Juwelen wie der Loiblpass warten. So viel Abwechslung hat keine andere Naturlandschaft Europas zu bieten.

Überall beste Verhältnisse

Das Erkunden der großen landschaftlichen Vielfalt macht die gute Erschließung mit besten Straßenverhältnissen erst möglich. So lassen sich mehrere Bergübergänge an einem Tag von nahezu jedem bewältigen. Vom Achenpass mit gemütlichen 940 Meter über dem Meer reicht die Bandbreite in Deutschland bis zum Riedbergpass auf 1.420 Metern Höhe.

Motorrad-Hotels

Die Hotelier-Gemeinschaft Motorrad MoHo hat sich bereits 1996 zu einem lockeren Verbund zusammengeschlossen, der mit Ausstattungsmerkmalen wie Trockenraum und Motorradtourenangeboten die Motorradfahrer lockt. Mittlerweile gibt es viele weitere Organisationen, die den Motorradtouristen allein schon mit der Wortwahl ködern möchten, siehe Bikerbetten, Kurvenkönig und viele mehr. Für viele Regionen in Deutschland hat der ADAC gemeinsam mit dem Deutschen Hotel- und Gaststättenverband DEHOGA ein Gütesiegel namens „Motorradfreundliche Hotelbetriebe" entworfen.

Auf Alpentouren sind einmalige Ausblicke garantiert.

Der höchste fahrbare Pass Österreichs ist das Timmelsjoch mit 2.509 Metern, in der Schweiz markiert der Umbrailpass mit 2.501 Metern das Maximum. In Italien ist das Stilfser Joch/Passo di Stelvio mit 2.758 Metern der höchste anfahrbare Pass, doch die Luft wird am dünnsten für Fahrer und Motorrad auf dem französischen Col de l'Iseran, der in 2.770 Meter Meereshöhe überfahren werden kann. Für die meisten Pässe gilt eine Wintersperre, die im Einzelfall bis Ende Mai oder Anfang Juni dauern kann.

Motorrad als Wirtschaftsfaktor

Außerdem trifft der Motorradfahrer auf eine bestens vorbereitete Tourismusindustrie mit Pensionen, Gasthöfen, Hotels und Resorts für jeden Geldbeutel – dabei sind die Zeiten, in denen der Hinweis „Biker welcome" noch eine Ausnahme darstellte, gar nicht so lange her. Heute schmücken sich fast jede Imbiss-Bude, viele Gasthöfe und fast jedes Hotel mit dem Willkommensgruß an Motorradfahrer, egal, ob sie auf die Bedürfnisse der Zweiradzunft eingerichtet sind oder nicht. Denn viele Gastronomen haben erkannt, dass die durch die Alpen tourenden Motorradler nicht mehr eine verschwitzte und lästige Kundschaft darstellen, sondern durchaus ein zahlungskräftiges und freigiebiges Publikum sind.

Expeditionen

91

Fernreisen auf zwei Rädern

Fernreisen, Weltumrundungen und Expeditionen mit dem Motorrad sind heutzutage kaum noch eine Meldung wert – die Anzahl abenteuerlustiger Zweiradfahrer, die darüber hinaus auch noch dem Rest der Welt genau diese erklären möchten, hat sich geradezu inflationär gesteigert. Das war nicht immer so, auch wenn das Motorrad als Synonym für ausgelebte Freiheitsliebe seit jeher den Drang der Menschen befeuerte, die Welt zu erkunden. Denn dafür gibt es kaum ein geeigneteres Vehikel als das Motorrad: Der Aufwand, ein solches für Reisen in ferne Länder zu präparieren, hält sich im Rahmen, kleinere Reparaturen unterwegs sind für versierte Selbstschrauber machbar, und letzten Endes werden Motorradfahrer in vielen Ländern der Erde deutlich freundlicher aufgenommen als ein Tross Automobile.

Kernig und risikoreich

Doch früher waren solche Unterfangen echte Abenteuer ohne Netz und doppelten Boden – es gab kein Satellitentelefon, ein Rücktransport bei Krankheit oder Unfall war nicht gewährleistet und die Rückkehr

Max Reischs Indien-Puch steht in Bozen im Museum.

In abgelegenen Regionen kreuzen schon mal Einheimische den Weg.

keineswegs gesichert. Eines der berühmtesten Fernreisemotorräder ist die im Jahre 1933 gebaute Puch 250 Indien-Reise. Das historische Langstrecken-Reisemotorrad verdankt seinen Namen der spektakulären Erkundungsfahrt des Tirolers Max Reisch und des Wieners Herbert Tichy von Wien nach Bombay – erstmals bewältigte ein Motorrad den Landweg nach Indien. Ihre Berühmtheit erhielt die Expedition nicht zuletzt durch das auch heute noch erhältliche Buch „Indien – Lockende Ferne", in dem die beiden Forscher, Abenteurer und Fotografen ihre Erlebnisse festhielten. Und wer weiß, in wie vielen Lesern dieses Werk die unbändige Abenteuerlust erst weckte. Die heute 84 Jahre alte 250er ist originalgetreu erhalten mit allen Ausrüstungsgegenständen und der Patina, die 13.000 Kilometer über den Balkan, durch die Türkei, Syrien, den Irak, Persien und Belutschistan bis ins indische Bombay mit sich bringen, im Museum Max Reisch in Bozen zu besichtigen.

Zahlreiche Globetrotter

Motorrad-Weltreisende gab es schon immer. Manche sind berühmt geworden wie der Mehrfach-Weltumrunder Nick Sanders oder der legendäre Ted Simon, der mit seinem Werk „Jupiters Fahrt" in vielen Motorradfahrern das Fernweh weckte. Oder die bildgewaltigen Deutschen Michael Martin und Erik Peters, die mit faszinierenden Bildern aus fernen Welten bezaubern. Aber die weitaus größte Zahl der Abenteurer bleibt unbekannt. Während früher die Fernreisen mit dem Motorrad echte Abenteuer mit Expeditionscharakter für Einzelgänger waren, gibt es heutzutage sogar Reiseveranstalter, die Expeditionen rund um den Globus im regulären Angebot haben.

Besitz auf Zeit

92

Motorräder mieten

In Zeiten der Zeitknappheit will auch die Freizeit möglichst ökonomisch geplant sein. Da mag so mancher die Anreise in den Urlaub so schnell wie möglich hinter sich bringen, gleichwohl gilt beim Motorradfahren ja immer: Der Weg ist das Ziel. Aber je nach Region fährt man sich Reifen eckig, zahlt irre viel Maut oder möchte am Zielort einfach mit einer anderen Maschine unterwegs sein – in der Altstadt von Palermo macht sich ein dicker Reisebrummer genauso schlecht wie auf engen Pyrenäenpässen. Soll es vor Ort gar ins Gelände gehen, ist der dicke Tourer ohnehin unpassend. Für die Motorradmiete können aber auch andere Gründe ausschlaggebend sein – vielleicht hat der Interessent gar keins und würde doch so gerne mal wieder fahren, oder er mietet sich eins getreu dem Motto „Ich wollte schon immer mal 'ne Harley fahren". Oder er möchte sich den Traum von der eigentlich eher öden Route 66 oder dem Wilden Westen erfüllen, wohin der Transport des eigenen Motorrades nur aufwendig und sehr kostenintensiv wäre, ganz abgesehen davon, dass der eigene fahrbare Untersatz in der Regel nicht in diese Region passt. Die Lösung liegt auf der Hand: ein Motorrad mieten.

Bike auf Zeit

Mittlerweile ist das auch gar kein Problem mehr – eine ganze Reihe von Motorradreiseveranstaltern hat sich auf diesen Trend eingestellt und hält in den schönsten Urlaubsgebieten ganze Flotten parat, aber auch die großen Vermieter wie Hertz und Sixt haben das Geschäft erkannt. Die Modelle kann man praktisch von zu Hause aus buchen und die Preise vergleichen. Vor der Miete sollte man sich genau überlegen, wofür man das Bike braucht – und die entsprechende Ausrüstung gleich mit ordern: Wer

Urlaub und Testen

Wer gleich mehrere Modelle und Marken in herrlicher Landschaft ausprobieren möchte, sollte sich das High-Bike Testcenter im Paznaun-Tal einmal genauer anschauen. Ausgehend vom Wintersport-Promiort Ischgl, wo man auch übernachten kann, lassen sich die umgebenden Alpen auf fabrikneuen Wunsch-Motorrädern erkunden.

Motorrad-Miete, zumeist BMW, ist Vertrauenssache.

vorhat, von einem Ort zum nächsten zu reisen, sollte sich vorher um eine Gepäckausrüstung mit Koffern respektive Topcase kümmern. Wer jedoch von einem Fixpunkt aus startet, der kann auf diese überflüssige Zusatzlast in der Regel verzichten. Bei manchen Anbietern kann man auch die Fahrerausrüstung gleich mit mieten – für die ansonsten wenig motorradaffine Sozia zum Beispiel.

Fast überall verfügbar

Besonders groß ist das Angebot in den USA und in Südeuropa. Neben den üblichen Hotspots Spanien, Frankreich und Italien sind die Alpen und die großen Mittelmeerinseln wie auch die Kanaren besonders gut ausgestattet. Bei Letzteren empfiehlt sich aber auch ein Blick auf den lokalen Vermieter, der in der Regel etwas günstiger anbietet. In jedem Falle sollte man sich die Motorräder vor der Ausleihe etwas genauer anschauen und wie bei jedem anderen Mietfahrzeug auch vorhandene Dellen, Schrammen und Beulen fotografisch festhalten. Die einzelnen Modelle hängen von der Verfügbarkeit ab, in der großen Überzahl finden sich BMWs aller Arten, aber auch Harley-Davidson, insbesondere in den Vereinigten Staaten.

Die beste Sozia von allen

Motorradfahren zu zweit

93

Frauen und Motorräder gehören schon lange zusammen – allerdings anders, als sich das die Damenwelt vorgestellt hat. Trotz wachsender Gleichberechtigung seit den Anfängen des 20. Jahrhunderts galten Frauen bis in die späten 1980er-Jahre als nettes Accessoire, als Schmuckstück, welches die harte Männerwelt auf dem Motorrad hinten drauf mitnahm, um die Glückliche zu beeindrucken. Diesen Zeitgeist spiegeln auch die Anzeigen und Broschüren wider, die in den 1970er-Jahren nicht nur in den Fachblättern zu finden waren – schon damals galt „Sex sells", und so trugen manche Models in der Werbung nichts als den beworbenen Motorradhelm auf dem Kopf.

Mit dem Zweiten fährt man besser

Doch die Zeiten haben sich geändert, und zu zweit auf einem Motorrad durch die Lande touren kann doppelt Spaß machen. Allerdings nur, wenn Fahrer und Beifahrer perfekt aufeinander eingespielt sind, ansonsten machen gemeinsame Ausflüge bald nicht nur wenig Spaß, sie können auch gefährlich werden. Häufige Fehler der Hinterbänkler(in) sind das Gegensteuern in Kurven und Abheben der Füße von den Rasten. Die falsche Körperhaltung in Schräglage gefährdet die Fahrstabilität und muss vom Fahrer ausgeglichen werden, was viel Erfahrung voraussetzt. Tipp für alle, die es noch nicht wissen: Vom Soziussitz aus blickt man am besten über die Fahrerschulter nach vorne, die sich zur Innenseite der Kurve neigt. Je höher die Geschwindigkeit und je aktiver das Fahrgeschehen wird, umso inniger muss die Verbindung werden. Im Idealfall umgreift der Sozius die Taille des Piloten und macht dadurch alle Bewegungen automatisch mit. Sinnvoll sind auf jeden Fall Helmsprechanlagen, mit denen man Kontakt hält, was die Fahrt für beide unterhaltsamer macht. Andernfalls bedient man sich eines Tipps des Instituts für Zweiradsicherheit in Essen (ifz) und vereinbart wie in der Frühzeit Klopfzeichen – zweimal klopfen heißt Pause, einmal klopfen: bitte langsamer fahren.

Welche Auswüchse das Thema selbst heute noch annehmen kann, zeigt eine Nachricht aus Südostasien: Eine Stadt in der indonesischen Provinz Aceh hatte Frauen untersagt, „normal" hinter einem Mann auf dem Motorrad zu sitzen. Es verstoße gegen „Moral und gute Sitten", die Sittenwächter verlangten den klassischen Damensitz mit züchtig geschlossenen Beinen.

Dicke Tourer sind am besten geeignet für das Fahren zu zweit.

Gleiche Gewichtsverlagerungen vorn wie hinten erhöhen den Fahrspaß.

94 Gleichberechtigung

Die Frau im Sattel

Wer genau hinschaut, weiß: Die erste Frau der Motormobilität war Bertha Benz, die 1888 den dreirädrigen Benz-Motorwagen pilotierte. Nichtsdestotrotz galt Anfang des 20. Jahrhunderts das Motorrad als reine Männersache – ein Irrglaube, der sich hierzulande in manchen Kreisen noch bis hinter die Jahrtausendwende gehalten hat. Selbst fahren und damit bestimmen, wo es lang geht, war der Damenwelt zwar nicht explizit untersagt, besonders gern gesehen wurde es aber auch nicht.

In Deutschland fuhr Gertrude Eisenmann ab 1905 erste Preise bei Fernfahrten ein. Wobei diese Zuverlässigkeitsprüfungen echte Herausforderungen technischer und mentaler Art waren. Während in anderen Regionen der Welt der Erste Weltkrieg tobte, begann die Welle der Emanzipation in den USA: Schon 1915 unternahmen Effie Hotchkiss und ihre Mutter Avis das Abenteuer, mit einem Harley-Davidson-Gespann den amerikanischen Kontinent zu durchqueren. Die Hotchkiss-Frauen fuhren allerdings nicht nur von Küste zu Küste, sie nahmen auch den gleichen Weg wieder zurück. Insgesamt saßen sie rund 14.000 Kilometer und über drei Monate lang in Sattel und Seitenwagen.

Jutta Kleinschmidt fliegt auf ihrer KTM 1993 durch den Wüstensand.

Ein Jahr später starteten am amerikanischen Nationalfeiertag, dem 4. Juli 1916, die Schwestern Adeline und Augusta van Buren auf ihren Indians zu einer Ost-West-Durchquerung des nordamerikanischen Kontinents – knapp 9.000 Kilometer von New York nach San Francisco. Obwohl ihr Unterfangen wesentlich professioneller organisiert war als das Hotchkiss-Abenteuer ein Jahr zuvor und sie von den Medien begeistert begleitet wurden, wurden sie unterwegs nicht nur mit Pauken und Trompeten begrüßt – in manchen Käffern kamen sie sogar kurz ins Kittchen, weil die lokalen Autoritäten Anstoß am „Tragen von Männerkleidung" nahmen.

Emanzipiert im Sport

Furore als Sportlerin machte in Deutschland in den 1920er-Jahren Hanni Köhler, die vor allem Tourenfahrten absolvierte. Ilse Thouret avancierte in den 1930er-Jahren zu Deutschlands bester Motorradrennfahrerin. Sie heimste über 100 Pokale, Medaillen und Auszeichnungen in ihrer Laufbahn ein. Allerdings bewährte sie sich nur bei Geländefahrten und Langstreckenrennen, denn als Frau durfte sie nicht an Rundstreckenrennen teilnehmen.

Die Hotchkisses, van Burens, Köhlers und Thourets waren Vorbilder für alle Frauen, die Motorrad fahren wollten, doch die Anerkennung blieb ihnen lange verwehrt. Der erste weibliche Motorradclub, die Motor Maids, wurde 1940 in den USA gegründet. In Deutschland tat man sich mit der Gleichberechtigung ungleich schwerer. Hier dauerte es bis ins Jahr 1985, dass sich mit den Women on Wheels der erste überregionale Frauen-Motorradclub in Deutschland formierte. Eine der sportlichen Vorreiterinnen war die Physikerin Jutta Kleinschmidt, die 1987 ihre erste Rallye Raid bei der Pharaonen-Rallye in Ägypten fuhr. 1988 startete sie ihre erste Paris – Dakar, schon 1992 feierte sie mit dem Motorrad ihre ersten Siege und gewann die Damen-Wertung der Rallye Paris – Kapstadt und der Pharaonen-Rallye. 1994 gewann sie die Damen-Wertung der Paris – Dakar mit dem Motorrad, später tat sie sich als hervorragende Rallyepilotin im Auto hervor. Ihr gleich tat es Andrea Mayer, die nach einer Motorradreise und der Arbeit als Motorradjournalistin 1997 Werksfahrerin von BMW und später von KTM wurde. Von 1998 bis 2002 fuhr sie in der Motorradwertung der Rallye Dakar mit.

Dass Frauen auch unorganisiert ein wichtiger und seit Jahren immer bedeutsamer werdender Faktor im Motorradreich sind, belegt die Statistik: Im Jahre 2011 besaßen in Deutschland 3,8 Millionen Frauen den Motorradführerschein, sechs Jahre später, 2017, waren es bereits 4,6 Millionen.

Immer wieder

95

Spät- und Wiedereinsteiger

Das Fahren mit dem Motorrad ist faszinierend – und bleibt es. Nur so ist zu erklären, dass es das Phänomen der Spät- und Wiedereinsteiger überhaupt gibt, dass also in der Generation Ü40 das Motorradfahren immer beliebter wird. Als Späteinsteiger gelten diejenigen, die in jungen Jahren den Auto- und Motorradführerschein zusammen gemacht haben, weil die erforderliche Stundenzahl ebenso überschaubar wie die Kosten war, sich aber bislang nie ein eigenes Motorrad zugelegt haben. Auch die Spätberufenen, die in diesem Alter erst den Motorradführerschein machen, fallen darunter.

Wie einst im Mai

Dagegen ist die hohe Zahl der Wiedereinsteiger eine Folge der natürlichen Sozialisation, sprich der Lebensumstände: Als Jugendlicher und Heranwachsender war man mit dem Motorrad unterwegs und erinnert sich an zahllose unvergessliche Momente wie die erste Ausfahrt mit der Liebsten

Fahrtrainings zu Beginn der Zweiradkarriere sind eine gute Sache.

Auch alten Hasen tut eine regelmäßige Wiederauffrischung gut.

oder die Urlaubstour mit den Kumpels auf zwei Rädern nach Südfrankreich – Freiheit, Leichtigkeit, Genuss, Lebensfreude und Natur pur.

Keine Zeit mehr

Doch Beruf und Familie haben die Helden der Jugend immer mehr in Beschlag genommen, das Auto war praktischer zum Einkaufen und für den Familienurlaub, das Motorrad wurde entweder verkauft oder abgemeldet in die Garage geschoben. Was folgt, ist hinlänglich bekannt und wird mit Midlife-Crisis nur unzureichend beschrieben: Beim Mittvierziger ist der Job Alltag geworden, die Kinder sind älter und zum Teil schon aus dem Haus, da tun sich ungenutzte Freiräume auf – es drängt sich der Gedanke an früher auf, als zwar nicht alles besser war, aber das Motorrad für Freiheit und Abenteuer stand.

Für das Motorrad ist das eine gute Entwicklung: Ältere Biker sind keine Heißsporne mehr, sie leiden nicht an Selbstüberschätzung und wissen, was im Straßenverkehr abgeht – Gelassenheit ist ihre Stärke. Insofern ist die Zahl der Unfälle, gemessen an den Fahrkilometern, auch dank der Erfahrung der Graumelierten rückläufig.

Klassen-Fahrt

96

Das ABC der Führerscheine

Was war das früher einfach: Man ging zur Fahrschule, meldete sich für den Autoführerschein Klasse 3 an und machte den Zweiradlappen, Klasse 1 genannt, einfach mit. Doch seit dieser Zeit hat sich einiges getan, und aus der ehemals grauen Pappe ist zwischendurch ein rosa Scheinchen geworden, jetzt ist es eine Fahrerlaubnis im Scheckkartenformat. Das allein wäre nicht schlimm, versteckten sich dahinter nicht eine Vielzahl konkurrierender und sich teilweise ausschließender Bestimmungen.

Die gute Nachricht für alle, die schon einen Motorradführerschein besitzen, lautet: Es ändert sich nichts, hier gilt Bestandsschutz. Auch Pkw-Besitzer, die ihren Auto-Führerschein vor dem 1. April 1980 erworben haben, dürfen nach wie vor Zweiräder bis 125 cm^3 Hubraum fahren.

Statt grauer Pappe gibt's eine bunte Führerschein-Karte.

Alles neu macht die EU

Die große Führerschein-Zäsur war die Umsetzung der EU-Führerscheinrichtlinie am 19. Januar 2013, mit der die Brüsseler Bürokraten dem deutschen Amtsschimmel die Sporen gegeben haben. Seitdem erlaubt der Einstiegs-Führerschein A2 das Fahren von Bikes mit maximal 48 statt 34 PS, das Mindestalter beträgt 18 Jahre. Gleichzeitig macht dieser Stufenführerschein den Aufstieg zum offenen Motorradführerschein A interessanter, denn schon nach zwei Jahren kann mit einer praktischen Prüfung der „Offene" erworben werden – ganz ohne Theorie.

Wer seinen A2 vor dem Stichtag gemacht hat, darf ebenfalls 48-PS-Motorräder fahren. Für diese entfällt sogar die für Neulinge vorgeschriebene Aufstiegsprüfung zur offenen Klasse – zwei Jahre nach der bestandenen Prüfung zum A2 dürfen sie offene Zweiräder der Klasse A fahren.

Wer seinen Pkw-Führerschein oder die alte Klasse 4 vor dem 1. April 1980 erworben hat, kommt in den Genuss einer besonderen Vergünstigung: Nach einer verkürzten praktischen Prüfung wird diese Fahrerlaubnis zum Führerschein A2 ausgeweitet und damit zur Lizenz für ein vollwertiges 48-PS-Motorrad. Gleiches gilt für Inhaber der alten Klasse 1b beziehungsweise A1.

Froh mit 125 Kubik

Brüssel hat auch das praxisfremde Tempo 80 für die 16- bis 17-jährigen Einsteiger gekippt. Begrenzt ist der Leichtkraftrad-Lappen A1 nur durch das Mindestalter 16 Jahre und fahrzeugseitig mit maximal 125 cm^3, 11 kW (14,9 PS) und einem Mindest-Leistungsgewicht von 0,1 kW/kg. Klasse-A1-Besitzer haben zudem die Möglichkeit, über eine praktische Prüfung in die A2 aufzusteigen, die es erlaubt, Zweiräder bis 48 PS zu lenken. In einer Fahrschule wird lediglich überprüft, ob ausreichend Fahrpraxis vorhanden ist, eine theoretische Prüfung entfällt. Für den Aufstieg sind rund 300 bis 400 Euro einzukalkulieren.

Trotz dieser sperrigen Regelungen führt das Zentrale Fahrerlaubnisregister (ZFER) zum 1. Januar 2017 unfassbare 16,134 Millionen Motorradführerscheine in den Klassen A, A1 und A2. Wer über die jeweils gültigen Regelungen auf dem Laufenden bleiben möchte, schaut unter www.zweiradfuehrerschein.de nach.

125er-Supermotos sind angesagt.

Garagenblick

Der Motorradbestand

97

Niemand weiß genau, wie viele Motorräder tatsächlich in deutschen Garagen stehen. Fest steht aber: Der Motorrad-Berg wächst – was ja auch kein Wunder ist, denn es werden immer mehr neue Motorräder in den Verkehr gebracht als verschrottet. Manch ein altes Schätzchen fristet sein Dasein in der hintersten Scheunenecke und wartet wie weiland Dornröschen darauf, von einem Zweirad-Liebhaber wachgeküsst zu werden. Laut Kraftfahrt-Bundesamt (KBA) hat der Bestand Anfang 2017 einen historischen Höchststand erreicht – die Zahl der Zweiräder über 50 Kubik in Deutschland beträgt exakt 4.314.493 Fahrzeuge. Interessant: Rund 577.000 Krafträder waren auf Frauen zugelassen, das entspricht einem Anteil von 13,4 Prozent. Gleichzeitig gibt es hierzulande auch noch 1.942.465 motorisierte Zweiräder unter 50 cm^3. Die meisten Motorräder im Bestand gibt es mit 909.914 Ma-

Die Bikes im Fahrzeugbestand sind im Schnitt 17 Jahre alt.

schinen in Bayern – wenn wundert es, immerhin hat doch BMW seinen Hauptsitz in München. Auf Platz zwei liegt dann Nordrhein-Westfalen (826.012), Platz drei hält mit 664.475 Zweirädern Baden-Württemberg.

Volle Garagen

Rein statistisch gesehen besitzen also 5,25 Prozent der Bevölkerung ein Motorrad, was aber nur theoretisch stimmt: Oftmals haben Motorradfahrer gleich mehrere Bikes in der Garage stehen. In diesem Zusammenhang ist das Durchschnittsalter der Motorräder höchst interessant: Waren die Bikes im Jahre 2005 noch relativ neu mit 11,3 Jahren, so schlägt sich die zunehmende Beliebtheit älterer Motorräder im wesentlich höheren durchschnittlichen Alter von doch 17,1 Jahren nieder – die alten Schätzchen werden wieder gehegt und gepflegt.

Die Schätzchen kommen nur selten aus der Garage ins Licht der Zweiradwelt.

Japan dominiert

Die meisten Motorräder in Deutschland tragen den Honda-Flügel, exakt 691.069 Fahrzeuge repräsentieren 16,6 Prozent aller Motorräder. Es folgen die Stimmgabel-Japaner von Yamaha mit 13,6 Prozent oder 564.508 Einheiten, denen der Local Hero BMW mit 537.890 Modellen (12,9 Prozent) im Nacken sitzt. Mehr als eine halbe Million hat sonst nur noch Suzuki mit 514.311 zu bieten, alle andern haben weniger als 350.000 Modelle laufen. Am häufigsten steht in deutschen Garagen die BMW R 1200 GS, zugleich der Neuzulassungskönig der letzten Jahre. Ihr folgt der Preis-Leistungsking Suzuki Bandit 600, auf Platz drei liegt der unscheinbare Softchopper Yamaha XV 535, der sich in den 1990er-Jahren zu Tausenden verkaufte.

Tierhaut

Kein Lack, aber Leder

98

Zu Beginn der motorisierten Zweiradwelt gab es keinerlei spezielle Bekleidung. Motorradfahrer trugen das, was sie ansonsten auch anzogen – bei schlechtem Wetter einen dicken Schal, ansonsten eine Mütze oder Kappe, solides Schuhwerk und warme und möglichst wetterfeste Kleidung. Zum Sonntagsbesuch bei der Verwandtschaft durfte es auch etwas feiner sein. Doch mit dem Drang, sich und seine Maschinen bei Rennfahrten beweisen zu müssen, wandelten sich die Anforderungen ans Outfit. Von da an waren eng anliegende Lederjacken und Lederhosen, hohe Stiefel, Handschuhe, eine fesche Lederhaube und eine Schutzbrille angesagt. Allerdings war das noch keine spezielle Motorradbekleidung, denn je nach Bedarf und Wetterlage diente die Bekleidung als Allround-Klamotte für viele Freizeitaktivitäten vom Angeln bis zum Bewegen eines offenen Automobils.

Ab den 1930er-Jahren kamen verstärkt Motorrad-Mäntel auf, wie man sie von den Kradfahrern der Wehrmacht kennt. Parallel dazu hatten sich einige Schneiderbetriebe bereits auf feste Lederjacken und -hosen spezialisiert, mit denen sie sich auf die besonderen Wünsche der Motorradfahrer eingestellt hatten, aber auch Overalls waren groß in Mode.

Ein Mantel für das Wetter

Im Nachkriegsdeutschland hatte niemand Bedarf an teurer Zweiradkleidung, die man nur für diesen Zweck genutzt hätte. Man fuhr im Alltagsstaat, für den Fall der Fälle war ein Motorradmantel auf dem Gepäckträger festgeklemmt. Diese Kradmäntel aus Baumwollgewebe waren gummibeschichtet und damit wind- und wasserdicht.

Spätestens ab den 1960er-Jahren hielt die klassische Lederjacke Einzug in die Motorrad-Mode – wer etwas auf sich hielt und die Verbrüderung mit

Rind, Schaf oder Känguru?

Känguruleder gilt als sehr reißfest und kann bei gleicher Stabilität dünner und leichter als Rindsleder verarbeitet werden. Schafsleder liegt in der Scheuerfestigkeit dazwischen, ist aber nur in kleineren Stücken zu haben und wird daher vorzugsweise bei Handschuhen verwendet.

Rennleder einst und jetzt unterscheiden sich gewaltig in Farbe, Form und Sicherheit.

den englischen Gesinnungsgenossen der Rockerszene dokumentieren wollte, trug schwarzes Leder. Berühmt-berüchtigt bis in die späten 1970er-Jahre war vor allem die legendäre Harro Rennweste mit der Artikelbezeichnung Nr. 120, ab Anfang der 1950er-Jahre ausschließlich in Grün erhältlich, später fast nur in Schwarz ausgeliefert. Im Laufe der Zeit mussten die drei schmalen verstellbaren Schnallen für den Nierenschutz zwei moderneren, breiteren weichen, auch die paspelierten Kunststoffkeder und die geflochtenen Schulterklappen fielen dem Zeitgeist zum Opfer.

Zweite Haut

Ab den 1970er-Jahren weitete sich das Lederangebot aus, und wer etwas auf sich hielt, trug eine ein- oder zweiteilige Lederkombi, natürlich hauteng und ohne Protektoren. Dazu echte Motorradstiefel und Motorradhandschuhe ebenfalls aus Leder. In den nächsten Jahren wurde das Treiben im wahrsten Sinne des Wortes bunter. Die Lederkombis wurden zum Farbklecks im Straßenverkehr, nicht selten knallrot wie die erste Lederkombi des Eifeler Spezialisten FLM. Protektoren wurden entwickelt, die in die Kombi lagesicher eingenäht wurden – der Sturzschutz wurde stetig verbessert.

Grundsätzliche Vorteile einer Lederkombi gegenüber einem Textilpendant sind die höhere passive Sicherheit durch die bessere Abriebfestigkeit des tierischen Materials – bei entsprechender Dicke und Güte – sowie die bessere Lagefixierung der eingearbeiteten Protektoren im Falle eines Sturzes. Textilien sind dagegen komfortabler zu tragen, regulieren den Temperaturhaushalt besser und können wasserdicht sein.

Wasserdicht

Der Siegeszug der Membran

99

Motorradfahren und Regen sind wie Feuer und Wasser – zwei Dinge, die überhaupt nicht zueinander passen und dennoch vorkommen. Doch was tun, wenn es von oben gießt? Unter einer Brücke kann man schließlich nicht ewig warten. Ganz früher wurde man eben nass. Ab 1924 half Wachscotton ein wenig, Harry Grosberg erfand den Markennamen „Belstaff", der Mitte der 1930er-Jahre Konkurrenz von Barbour bekam. Doch erst mit Aufkommen des Kunststoffs gab es leichte Regenkombis aus PVC oder Polyamid, die man wie die Gummiüberzieher für Handschuhe und Stiefel in der Gischt vorbeifahrender Autos überstreifen konnte, um vor Wassereintritt von außen gefeit zu sein. Das Prinzip funktioniert aber auch andersherum: Weil Hitze und Schweiß nicht rauskönnen, droht bei warmem Wetter der persönliche Klimakollaps im Inneren.

Membranen fürs Klima

Erst die Erfindung von hauchdünnen Kunststofffolien, die kein Wasser eindringen, Wasserdampf aber hindurch lassen, brachte die Menschheit der Lösung dieses Problems näher. Was sich in den ausgehenden 1970er-Jahren im Abenteuer- und Bergsport mehr und mehr durchsetzte, kam im Motorradbereich nicht richtig an. Erst 1983 kamen die ersten Handschuhe mit der Membran des US-Giganten Gore-Tex auf den Markt, und 1986 führte BMW als erster Bekleidungshersteller einen Gore-Tex-Anzug ein. Dieser wurde sehr argwöhnisch betrachtet, nicht zuletzt, weil der Außenstoff aus Baumwolle bestand. Erst abriebfestes Cordura in der Außenhülle – Rukka kam im gleichen Jahr damit – konnte die Skepsis der Allwetterfahrer langsam zerstreuen. Seit 2008 etwa gibt es sogar Lederbekleidung, die mit Klimamembranen wasserdicht ausgerüstet ist.

Atmen, immer wieder atmen

Markennamen für Klimamembranen gibt es reichlich, die bekanntesten neben dem erwähnten Gore-Tex heißen Sympatex, Humax, Reissa, Porelle oder Hipora. Alle geben das gleiche Versprechen: Sie sollen winddicht, wasserdicht und atmungsaktiv sein. Die meisten sind dafür mit feinsten Poren versehen, andere wie die Sympatex-Membran funktionieren auf physikalisch-chemischem Wege. Während alle bei ordnungsgemäßer Verarbeitung Wind und Wasser außen vor lassen, ist die Atmungsaktivität, also die Wasserdampfdurchlässigkeit, unterschiedlich – bei allen aber begrenzt! Wer im Gelände richtig ins Schwitzen kommt, dem hilft keine Membran, er steht im eigenen Saft. Wer dann noch ein Baumwoll-T-Shirt und keine Sportunterwäsche trägt, ist selbst schuld: Baumwolle hält den Körperschweiß nämlich fest und sorgt für ein unangenehm nasses und kaltes Hautgefühl.

Dennoch hat die klimaregulierende Funktionsbekleidung zu einem nachhaltigen Klimawandel im Motorradsektor geführt: Heutzutage wird in drei von vier Fällen ein Synthetikanzug mit Klimamembran der althergebrachten Lederkombi vorgezogen. Und die Entwicklung geht weiter: Aktuell werden Membranen entwickelt, die sich wechselnden Temperaturen anpassen. Bei Wärme soll sich die Struktur öffnen, um die Dampfdurchlässigkeit zu erhöhen, und an kalten Tagen komprimieren, um die Isolierung zu steigern.

Außen nass und innen trocken, das verspricht die Klimamembran.

Locker und lässig

100

Motorradjeans

Hand aufs Herz – wer hat nicht schon einmal im Hochsommer die Jeans der kompletten Schutzkleidung auf dem Motorrad vorgezogen? Für die kurze Fahrt zum Bäcker, noch mal schnell zur Tanke oder zum Kiosk? Dagegen ist auch nichts einzuwenden, sofern es sich dabei um eine sogenannte Motorradjeans handelt. Denn diese rein äußerlich kaum von einer herkömmlichen Denim-Hose unterscheidbaren Beinkleider sind unsichtbar mit soliden Kunstfasern verstärkt. Grundsätzlich sind Denimhosen – der Name kommt von „Serge de Nîmes“, Gewebe aus dem südfranzösischen Nîmes – für die schwere Arbeit gedacht und deshalb von Haus aus schon recht robust. Dazu erzeugt Baumwollgewebe bei einem Sturz nur geringe Reibungshitze, was die Gefahr von Verbrennungen minimiert.

Sicher und gut aussehen ist kein Widerspruch mehr.

Außen schick, innen sicher – dank Aramid

Fasern als Rüstung

Motorradjeans sind zusätzlich durch Aramidgewebe an den sturzgefährdeten Stellen verstärkt, das ist eine besonders abriebfeste Polymer-Kunstfaser, auch unter dem Markennamen Kevlar bekannt. Selbst wenn der Denim-Stoff nachgibt, schützt das markant gelb gefärbte Aramidgewebe die Haut vor Schürfverletzungen.

Darüber hinaus gehören Protektoren an Knie und eventuell der Hüfte zu notwendigen Sicherheitsausstattung. Damit werden Stürze aus größerer Höhe wie beim Highsider oder dem Lenkerabstieg abgemildert. Richtig gute Motorradjeans sehen trotz kompletten Protektorensets wie eine normale Jeans aus und tragen sich auch so. Einzig die Aramidflächen sind weniger atmungsaktiv als der restliche Denimstoff. Ausgewiesene Motorradjeans gibt es mittlerweile fast so viele wie normale Levi's, Wrangler & Co., also in verschiedenen Schnitten und breiter Preisspanne – für jeden Stil und Geldbeutel.

Sichere Rübe

Kopfschmuck und Kopfschutz

101

In den Anfangstagen des Motorradfahrens gab es natürlich keine Helmpflicht, es gab ja noch keine Helme! Deshalb trug man das Gleiche, was man auch auf dem Fahrrad auf dem Kopf hatte: einen Hut oder eine Schiebermütze sowie einen Schal, der als Zier gedacht war, und gelegentlich eine Brille als Schutz vor Fahrtwind und Insekten. An dieser Grundausstattung hat sich jahrzehntelang nichts geändert. Nur Rennfahrer stülpten sich mangels Alternativen einen „Fliegerhelm“ auf den Schädel, robuste Lederhauben, und darunter die Fliegerbrille. Mitte der 1930er-Jahre brachte Alois Drax in München einen Motorradfahrer-Schutzhelm als Hartschale auf den Markt. Für die Sportbegeisterten war die „Drax-Halbschale“ zwanzig Jahre lang der Hit, für den Normalfahrer spielte die „Eierschale“ bis weit nach dem Zweiten Weltkrieg überhaupt keine Rolle.

Wenig beliebter Kopfschmuck

In Deutschland stellte Schuberth in Braunschweig 1954 seinen ersten Motorradhelm vor, den Aero, dessen stromlinienförmiges Design für eine bessere Aerodynamik bei Rekordfahrten gedacht war. In Japan begann Shoei die Motorradhelmfertigung 1958, im Rennsport war das „Helmtragen“ mittlerweile Vorschrift. Besonders beliebt wurden die englischen Cromwell-Helme. Anfang der 1950er-Jahre wurde die Cromwell-Halbschale erstmals aus GfK (glasfaserverstärktes Polyesterharz) gefertigt, dabei wurden mehrere Schichten Glasfasergewebematten mit Kunstharz getränkt und ausgehärtet. Vorteile der Duroplast-Materialien damals wie heute: außergewöhnlich stabil, unempfindlich gegen Witterung und Lösungsmittel, individuell lackier- und dekorierbar. Doch für den Alltagsbetrieb konnten sich die Helme nicht durchsetzen.

Ein Helm für alle

Erst zunehmende Geschwindigkeiten und die damit verbundene erhöhte Unfallgefahr ließen in den 1960er-Jahren den Ruf nach einem Sturzschutz für den Kopf laut werden. Die Gegenwehr der „freien“ Motorradfahrer war heftig, sodass es bis 1976 dauerte, um eine allgemeine Helmpflicht fürs Motorrad einzuführen. Dabei ist der Schutz vor schweren Verletzungen oder dem Tod unstrittig. Die Helmpflicht gilt übrigens für alle motorisierten unüberdachten Zwei- und Dreiräder, die schneller als 20 km/h fahren können – also für alle Motorräder, Roller, Trikes und Quads. Ausgenommen sind nur Fahrzeuge mit Sicherheitsgurt, der auch angelegt sein muss.

Noch bis vor Kurzem waren hierzulande nur Helme mit ECE-Prüfzeichen erlaubt, jetzt sind auch andere Prüfzeichen zulässig. Offiziell gilt, dass Motorradfahrer einen „angemessenen" Helm tragen müssen, der eine entsprechende Schutzwirkung für den gesamten Kopf- und Nackenbereich garantiert. Helme, die Stirn, Ohren und den Nackenbereich nicht bedecken – sogenannte Braincaps – sind bei uns nicht erlaubt. Wer aber mal die legendäre Route 66 abreiten möchte, darf den Helm in verschiedenen US-Staaten wie Colorado, Illinois oder New Hampshire auf die Sissybar schnallen.

Welcher Helm auf die wertvolle Rübe gesetzt wird, bleibt jedem selbst überlassen – egal, ob Integral-, Klapp-, Motocross- oder Jethelm. Zunehmender Beliebtheit erfreuen sich Systemhelme, die über einen abnehmbaren Kinnbügel und oftmals einen zusätzlichen Schirm verfügen – zur Anfahrt ins Urlaubsgebiet bietet dieser den Schutz eines Integralhelms, vor Ort kann er in einen luftigen Jethelm umgebaut werden. Nachteile sind die aufwendigere Bauweise, die zu mehr Gewicht führt, und das üblicherweise höhere Geräuschniveau als beim reinen Integralhelm.

Alte Helme sind wieder gefragt, und sei es als Wandschmuck.

Bildnachweis

Alle Fotos im Innenteil stammen vom Autor außer:
Aprilia/Milagro S. 62, 63;
Avon/Gee Bee Images S. 138;
Bajaj S. 100;
BMW AG S. 14, 149, 159, 184;
BMW AG/Rossen Gargolov S. 116;
Bosch S. 141;
Buell S. 67;
Held GmbH S. 187;
Honda/Francesc Montero S. 37;
Honda S. 176, 177;
Husqvarna/Sebas Romero S. 79 oben
Jutta Kleinschmidt S. 174;
KTM S. 148;
Norbert Meiszies S. 12, 59, 121, 161, 164, 165, 173 oben;
Metzeler/Pirelli S. 142;
Moto Guzzi S. 15;
MV Agusta/Milagro S. 89;
RedaktionsbüroKM S. 8, 10, 13, 16, 19 unten, 25, 26, 32, 34, 35, 41, 50, 57, 58, 64, 70, 77, 79 unten, 81, 87, 88, 93, 102, 108, 110, 111, 119, 134, 139, 140, 145, 147, 151, 156, 162, 163, 167;
Roland Brown S. 17, 19 oben, 20, 22, 36, 48, 53, 71, 73, 75, 86, 94, 99, 103, 115, 150;
Yamaha S. 42, 49, 173.

Impressum

Verantwortlich: Kerstin Thiele
Layout: Elke Mader
Lektorat: Christian Schneider
Einbandgestaltung: Ralph Hellberg
Herstellung: Anna Katavic
Repro: Cromika
Printed in Italy by Printer Trento

★★★★★

Sind Sie mit diesem Titel zufrieden? Dann würden wir uns über Ihre Weiterempfehlung freuen.
Erzählen Sie es im Freundeskreis, berichten Sie Ihrem Buchhändler oder bewerten Sie bei Ihrem nächsten Onlinekauf. Und wenn Sie Kritik, Korrekturen oder Aktualisierungen haben, freuen wir uns über Ihre Nachricht an GeraMond Verlag, Postfach 40 02 09, D-80702 München oder per E-Mail an lektorat@verlagshaus.de.

Unser komplettes Programm finden Sie unter www.geramond.de

Die Deutsche Nationalbibliothek verzeichnet diese Publikation in der Deutschen Nationalbibliografie; detaillierte bibliografische Daten sind im Internet über http://dnb.d-nb.de abrufbar.

ISBN 978-3-86245-397-9